「《跳脫建構陷阱》這本書不僅有助於建立⋯⋯⋯⋯⋯⋯組織的觀點訴說。Melissa Perri 出色地將經驗、範例和專業知識⋯⋯在一起,描繪出清楚的產品管理定義(在許多其他書籍中非常缺乏),它為團隊和組織增加的價值,以及它承諾能做更好。這是一本給產品經理的書,也是一本給領導者的書。其反對'專案'思維,也提供給產品主導型公司一個易懂實用的手冊。這是一本必讀的書。」

—— Jeff Gothelf,《Lean UX》和《Sense & Respond》的作者

「 一本難得的產品管理書,它有勇氣倡議:當整個公司都聚焦於產品時,可能會產生驚人的結果。」

—— Dave Pinke,執業律師學會

「《跳脫建構陷阱》中包含了可行的工具、技術和現實的個案研究,為執行長層、企業家和商業 領袖提供了深刻見解,其關於如何創造一個以產品為中心的組織,以在加速創新的世界中取得成功。」

—— Barry O'Reilly,ExecCamp 的創始人和《Unlearn》、
《Lean Enterprise》的作者

「 Melissa 的書是產品管理全集的新成員。產品管理太常被視為一點運氣加上很多的自我中心。而 Melissa 告訴我們產品管理的實踐和專業。」

—— Jeff Patton,產品管理教練和
《User Story Mapping》的作者

「《跳脫建構陷阱》直接說明了組織對產品最大的錯誤認知,並提供一個可行的前進道路。Melissa Perri 用獨特有策略性地聚焦於為真實人們提供真正價值,來回答一些與產品管理相關的最迫切的戰術問題。組織若想尋求建構出能滿足客戶需求又同時實現企業目標的產品,都應該閱讀本書。」

—— Matt LeMay,《Agile for Everybody》和
《Product Management in Practice》的作者

「　產出功能的工廠，或那些只是藉建構東西來保持忙碌的群體：停一下。閱讀《跳脫建構陷阱》，重新聚焦為你的使用者解決最重要的問題。一本適合各級產品人員的相關又有見地的讀物，肯定會成為產品經理書架上的主要藏書。」

—— Dave Masters，realtor.com 的產品總監

「　要建立一個可以為客戶建構和交付對的產品的產品組織，是非常棘手的挑戰。《跳脫建構陷阱》是告訴你如何做到這一點的智慧結晶。本書涵蓋源自 Perri 豐富經驗的大量說明範例及清晰直接的建議，提供了實用的策略，可確保您的組織致力於創造客戶喜愛和重視的產品。」

—— Blair Reeves，主任產品經理

「　軟體驅動產品中的產品管理角色與其他領域有根本上的不同，且關於如何做好它的好材料很少。你不知道我有多高興看到 Melissa Perri 寫了這本出色的產品管理指南。它應該成為學習成功擔任此角色的人們、以及想要發展有效產品能力的組織的標準文本。」

—— Jez Humble，作者和柏克萊加州大學的產品管理講師

「《跳脫建構陷阱》是公司需要擴展其產品組織時所必要的指南，以使其能有效地成長。」

—— Shelley Perry，Insight Venture Partners 的創投夥人

「　如果你正努力想變成產品主導型組織，這本書需要在你的書架上。從組織文化到產品管理角色，Melissa 建立了一個很好的指南以發現和解決問題。我現在正幫我的客戶們買這本書。」

—— Adrian Howard，Quietstars 的產品教練

「有很多關於產品管理、策略和開發的好書。我會在註腳推薦它們，例如，嘿，這本專注於新創，你會需要這本書，這本涵蓋了 UX 觀點，又或，這本主要給在 Scrum 環境下的產品負責人。《跳脫建構陷阱》的獨特之處在於它是完整的套裝—不需要註腳。它短短的又討人喜歡，還具有紮實的理論基礎和可立即行動的工具。它觸及了問題的核心—從運行一個反應型功能或專案的工廠轉變為培養一個以產品為主導、以影響力為中心的組織。而且，讀起來還很有趣。虛構的瑪奎立公司的故事將所有結合在一起且非常好理解（如果你已經做過一段時間的話）。Melissa，我要向妳致敬！這太厲害了。」

—— John Cutler，Amplitude 的產品佈道師

「這本書你讀過後會想立即與你組織中的每個人分享。它說明了優秀產品管理在組織中的重要性，並提供了有助於培養優秀產品管理文化的實務方法。如果你所在的組織正交付某些東西，但你不確定自己交付的東西是否是對的，請立即停下來，閱讀本書，並分享它。」

—— Dave Zvenyach，顧問和前 18F
（譯註：一美國數位服務政府組織）的總監

產品管理如何創造有效價值
跳脫建構陷阱

Escaping the Build Trap
How Effective Product Management
Creates Real Value

Melissa Perri 著

王嬿君 譯

目錄

前言

重點是，你不能持續做同樣的事並且期望它持續可行。我們
必須做一些不一樣的，但真正核心的問題是：「何謂不一樣
的？」我們在回答這問題的過程中，犯了很多錯誤，但我們發
現最重要的事情是，我們需要更了解我們的客戶，以及他們在
其業務中真正想嘗試解決的問題是哪些——即使它們不那麼恰
好切合我們現有的業務項目。

——MICHAEL DELL[1]

本書是為了各類產品人員而寫。適用於想成為產品經理但對整體工
作情況不太了解的大四學生；也適用於被扔進戰場第一次擔任產品
經理的、正尋求指導的人；適用於剛剛晉升為副總的產品經理，他
們會需要一個能建立組織以使其成功規模化的指導，亦適用於希望
獲得競爭優勢的大型組織領導者。

1　TOM FOSTER, "MICHAEL DELL: HOW I BECAME AN ENTREPRENEUR
AGAIN," INC. MAGAZINE, JULY -AUGUST 2014.

ix

大約十年前，我當時在一家電子商務公司擔任產品經理，順順地做著編寫大量需求文件，發送給開發人員的工作，而且，坦白說，我對大家而言像炸彈一樣。當我們開始衡量產品是否成功時，大量現實重重打臉我。我很快得知我的產品很糟，且沒有人在使用它們。

那是我第一次了解到，當時的我處於現在我所稱的建構陷阱中。我曾如此專注於發布功能，並盡我所能地開發出許多很棒的想法（但主要是我自己的想法），以至於我甚至未曾考慮這些功能的成果。我並沒有將公司的目標或使用者的需求與我的工作連結起來。

我想變得更好。我想創造更好的產品。當時，「精實創業」運動正成形，而我得知有實驗這件事。由於我的工程師背景，這吸引了我。「你是說可以像科學一樣，測試我工作中的事物？我可以使用資料來引領決策？我要學會這個！」我想著。

我熱切地將自己所學應用到產品經理的工作中，我開始看到我的功能吸引人，開始與團隊合作的更順暢。我們一起成為了一個精實、出色的實驗機器，而它奏效了：我們的產品變得更好。

那次經歷啟發了我，讓我想了解更多。我希望有更多機會執行這種工作方式，我就像在糖果店裡的孩子，不斷地吸收所有使我能成為更好產品經理的流程和框架。

幾年後，我開始受邀在研討會上分享我的經驗，我喜歡能夠談論我所學到的東西及其對我的幫助。我很快意識到它也幫助著其他人，越來越多的產品經理、領導者和設計師向我尋求建議。最終，在2014 年，我成為一名顧問。

在過去幾年中，我走上教導產品經理這種系統式工作方式的路。執行長們會對我說：「我們的產品經理們卡住了。」、「他們需要學習如何與客戶交談，並進行實驗性思考。」與我一起工作的產品經理們渴望學習，他們通常是從公司的另一部門轉入且沒有相關經驗，他們立即採用這些方法，且很高興擁有一個框架。我非常開心。能幫助人們，看到他們變得更好，我找到了自己的使命 —— 發展產品管理的未來。

我從兩年前開始為那些產品經理撰寫本書，我想幫助他們變得更好。

但事情發生了些變化。

我從未打算花兩年時間寫這本書，本來預計是花三個月。但是，當初稿快完成時，我同時也回頭與我當時教導的產品經理進行確認。此時舊模式出現了，他們又回到了原本的做法。

「你們為什麼不跟使用者交談？你們為什麼停止實驗？」我問。

他們列出了一堆系統性問題。

「我的獎金與我們提供的功能有關。我需要把那些功能做出來，因為快接近年底了。」我在一家公司中聽到這說法。

「我的主管因為我們沒有發布東西而感到不高興。我們正在進行使用者研究，但他們看不到其中的價值。我必須做出一些東西，否則我會遇到麻煩。」另一人說。

我很快意識到，不僅是產品經理陷入了建構陷阱，而是整個組織都陷入了建構陷阱。為產品團隊解決流程還不夠，而是要調整整個公司以支持良好的產品管理。

因此，我開始重寫這本書，聚焦於產品主導型組織；然後，我應邀在數十億美元的公司中領導了幾次大規模的產品轉型，我建議執行長層級們將組織變成產品主導型，此外急切地執行我所知的。當時的我還不知道，我會從這些經歷中學到這麼多。

你現在所閱讀的這個版本，是這本書三年來的第四次重寫版本，這是我所了解到關於角色、策略、流程和組織動態如何影響一間公司可交付價值的累積。

這本書是一本指引，說明如何用好的產品管理來跳脫建構陷阱。我們會看到變成和成為一個產品主導型組織的意義（圖 P-1），其中包含四個關鍵：

- 用對的職責和結構，創造出產品經理的角色

- 賦能給產品經理用策略來促成良好決策制定

- 透過實驗和最佳化，決定要建構什麼產品的流程

- 用對的組織政策、文化和獎勵來支持每個人，以使產品管理成功

角色
策略
流程
組織

圖 P-1　產品主導型組織

在整本書中,你將看到一家名為瑪奎立公司的故事貫穿其中。雖然瑪奎立是一家虛構的公司,但其故事都是基於現實的,從我作為全職產品經理的自身經驗,或是從跟我合作過公司的經驗而來。你將看到瑪奎立跳脫建構陷阱,成為產品主導型組織的旅程。如果你想了解你的公司是否符合產品主導型,請查看本書最後一節的一個小測驗。

在過去的十年中,我擔任過很多職務:產品經理、UX 設計師、開發人員、CEO、創業者、顧問、指導者、老師和學生。對我來說,最重要的角色是最後一個:學生。我過往學到之多及一路上不斷的學習,使我意識到我的不足;我很樂意在本書中分享我所知的,但我知道還有更多東西要學習。

我希望這本書可以幫助你在遇到極大困難時,在某些地方找到一些指引,我鼓勵你繼續學習、繼續實驗,繼續變得更好。你的客戶們仰賴著你。

如果你有興趣學習更多跟產品管理有關的內容，請查看我們的線上
學校 Product Institute（*https://productinstitute.com*）。我們正不斷開
發課程，以幫助每位產品經理，不管是團隊成員或執行長層級的。
我也很興奮要跟 Insight Venture Partners 和 Shelley Perry 成為新的合
作夥伴，在 Produx Labs 培育下一代產品長們。這個領域的未來是令
人興奮的。

謝謝你讀到這裡！

Melissa Perri

CEO, Produx Labs

致謝

迄今為止，寫這本書是我職業生涯中最艱鉅的任務，如果沒有我的家人、朋友和同事的大力支持，這段漫長又費勁的旅程是不可能走完的。以下一一致謝：

特別感謝我在 Produx Labs 的團隊和 Product Institute 的學生們，你們是我早上起床的原因，因為知道我們正在共同打造產品管理的未來。

感謝 Insight Venture Partners 的 Shelley Perry，感謝能與妳合作、還有妳的指導和支持。感謝 Casey Cancellieri，在過去兩年中審閱了本書四個版本，幫忙將本書塑造成今天呈現的樣子。

感謝我的出版商 O'Reilly 和編輯 Angela Rufino，你們在此過程中的耐心和指導非常傑出。

感謝我的編輯 Bridget Samburg，把我帶往終點線，我從你身上學到了很多跟寫作有關的事物，如果沒有你的幫助，這本書將無法完成。

我從非常無私的早期（及最後一刻）審閱者中受益。感謝 Giff Constable、Adrian Howard、Lane Goldstone、John Cutler、Simon Bennett、Dave Masters、Kate Gray、Blair Reeves、David Zvenyach、Ellen Chisa、Jeremy Horn、Ryan Harper、Dave Pinke 和 Frances Close。

感謝那些在產品管理、UX 設計、敏捷、精實創業和精實領域的人們，我在過去幾年中從你們身上學到很多，感謝你們與我深入的對談，感謝你們挑戰我先入為主的觀念，感謝你們使我接觸到其他工作方式，謝謝你們的支持。

感謝我讀書會的朋友們，他們在過去兩年中每週與我見面一次，以交換想法、提供回饋，和一個超級紓壓的空間。感謝 David Bland 和 Barry O'Reilly，沒有你們，我永遠無法完成本書。謝謝你們讓我保持理智。

最後，我要感謝我的家人，因為如果沒有他們，將不會成就今天的我。他們告訴一個小女孩，長大後有可能變成像比爾‧蓋茨一樣的人；他們鼓勵她去到處告訴所有人，她有一天會成為一名電腦工程師；他們一直觀看著她所有研討會上的演說，並一路上為她的每一步加油打氣。

謝謝我的父母 Joanne 和 Salvatore，以及我的姊妹 Jenny，你們是我的一切。

建構陷阱

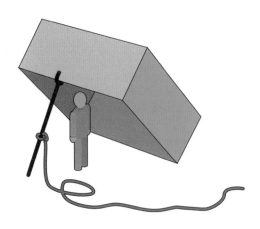

建構陷阱是當組織陷入用產出來衡量其成功,而不是用成果來衡量的情況。此時組織會聚焦更多在發布和開發功能,更甚於這些所產生的實際價值上。當公司停止產出對使用者有真實價值的東西,他們開始失去市佔,漸入崩毀。公司可以把自己安排好去建立有目的性且穩健的產品管理行動,從而跳脫建構陷阱。屆時,產品經理可以找到機會,最大化業務和客戶價值。

「克里斯，你的問題不只是你的產品經理們。」我說，「當然他們是缺乏經驗的，而且你必須聘僱更多資深人員，但是你同時也遇到了流程、策略和組織方面的問題，所有這些都阻礙你們去實現目標。」

瑪奎立的 CEO 克里斯，打電話給我，坦率地談論了瑪奎立的現狀，瑪奎立是一家為行銷人員提供線上訓練的教育公司。精通數位行銷的專家們透過其線上平台創建許多課程，讓人們可以每月訂閱上課。

六個月前，克里斯僱用我來訓練和指導公司的產品經理。瑪奎立成長迅速，每年收益成長保持約 30％，該公司在很短的時間內雇用了數百人，將他們分配到各專案中。這些人中有許多是開發人員，在採用了 Scrum 的敏捷框架後，他們很快了解到他們需要產品經理與他們一起工作。

他們將行銷人員（先前沒有產品管理經驗的）放在產品經理的職位上，讓他們與開發人員一起工作，因為他們最了解上課的受眾。瑪奎立的故事與我擔任顧問的其他公司的故事相似，而我知道問題不只是技能而已。

當我一進到該公司時，我與該公司的產品副總凱倫會面，三個月前她被雇來管理數十名新產品經理。

凱倫告訴我：「我承受著無比的壓力。」，「銷售團隊已向企業客戶承諾了所有這些功能。我們以前從未為該市場的人員提供過服務，現在我們必須從頭開始建構一切。我有 20 個向我報告的部屬和一堆要達成的截止日期，我完全沒有時間有策略性的去做。」

銷售團隊也感到沮喪，並感到退縮。「我們需要產品地圖（roadmap），沒有人給我們可以賣的東西，這就是我賺錢的方式。我只是去客戶那做出承諾，因為產品團隊沒有給我任何東西。」銷售主管告訴我。

整個組織處於僵持狀態，每個人都互相指責，他們都認為缺乏產品管理技能是問題所在。「如果我們的產品經理沒有積壓這麼多工作，」CTO 技術長感嘆，「我們將各自做好自己的工作，我們需要他們開始思考更多解決方案。」

所以我跑去跟產品經理們一起工作。我一開始先評估他們的技能、看著他們與其開發和設計團隊互動，並為他們提供可以嘗試的新框架。大約一個半月之後，我不得不立即向克里斯報告：如果他想成功，他需要雇用更多有經驗的人。

我解釋說：「凱倫不能是他們在這裡唯一的學習對象。」，「她沒有時間指導和輔導數十個人，如果你想培養初階產品人員，你必須將其中一些人轉回內容部門，並聘請真正的產品經理。」

「不，不，我們可以訓練他們。」他告訴我。「我們不能僱用大量新人。繼續教這些人就是了，如果有需要，僱用另一位教練。」

我繼續進行訓練，並帶另一位教練來幫忙。許多產品經理對框架和指引感到興奮。他們很快採用了它們，我們看到其中有一些人，有解決問題和思考工作方式的成功跡象，但是這勢頭很短暫。

當團隊到了第三個月還沒有要發布東西時，領導團隊就變得憤怒了。「他們沒有做好他們的工作！」CEO 說。「我們需要發布更多功能。他們為什麼沒有好好安排呢？」所有的指責都指向不良的產品管理，但這不是真正的問題。

該公司有太多的經營方向，在某些時間點，會有 20 個大專案同時進行。我所說的大專案，真的是很大型的專案。可能是一個正在開發的新行動 app，搭配一個新的後端系統，能提供給老師們密切關注他們的班級。這些都是很大型的任務，通常會搭配很多團隊，但是在這邊，一個專案只有一個產品經理（還只是很資淺的）和一個開發團隊。

他們盡了最大的努力在截止日前完成任務，同時也練習著好的產品管理技巧，但是他們並沒有被安排好往成功走。截止日期在我加入之前就已設定好，各專案都已在各客戶合約中做出承諾。每當我建議要去評估是否真的應該建構某個功能時，產品經理們會以各種拒絕回覆：「管理層告訴我要做這個，我必須發布這個功能，否則我將得不到獎金。」他們因缺乏規劃和缺乏策略而處處受限。

同時，瑪奎立的收入增長正在下降，董事會開始對管理層施加壓力，開始出現越來越多的功能要求。凱倫盡一切努力拒絕，但管理層仍然堅持。「你不明白。如果我們不建構這些功能，如果我們不向董事會展示我們可以發布些什麼，那麼我們將無法籌集下一輪資金。」CEO 表示。

不久，產品經理們恢復了他們原本的做法。他們跳過以往持續做著的使用者研究；他們減少花時間為開發團隊撰寫使用者故事。他們全都開始聚焦於做出盡可能多的功能。

在為下個月的發布打包下一個版本時，他們有大約 10 個新功能可向客戶推出。領導層團隊欣喜若狂，「我就是這個意思！這是很好的產品管理。」CTO 在審查會議上熱烈地稱讚他們。一週後，他們把這些功能發布出去。

然後，電話開始湧入。網站壞掉了，因為急著推出的功能未能好好測試。令老師們感到沮喪的是，因為有太多新功能，阻礙了他們要完成的最重要任務：創建課程和回應學生評論。許多老師決定下架他們的課程，而客戶經理們則忙著請老師們回來。

幾週後，我們登入查看學生端對於新功能的採用情況，完全沒有。沒有人使用過它們。所有的努力、所有這些新功能，以及瑪奎立，都跟原本一樣。但它的收益成長正下降，並且公司感受到壓力。

問題不在任一個人或部門的錯，組織本身沒有為了成功而安排好，而這就是我當初在跟克里斯開會時所說明的。

「我不明白，那其他組織是如何成功的？」他問。「他們是如何從中站起？我們做錯了什麼？」

「這不僅與產品經理的技能有關，」我解釋說。「其中有些人做得很好，且採用對的思維。他們確實在試圖找出如何去交付價值，如果當初有給他們空間繼續走這條路，那麼他們一定會成功。但是你有太多阻礙他們成功的組織性問題。」

「像是什麼？」他問。「我們可以改善什麼？」

「告訴我，什麼是你今天要實現的最重要的事情？」我問他。

「收益成長，」他輕鬆地回答。「我們需要至少恢復到每年百分之三十的成長。」

「我問公司裡的其他人時，他們沒有給我這個答案，」我告訴他。他看上去有些震驚。「你的 CTO 說，最重要的是行動化策略。當我問為什麼時，他說是一位董事會成員說的；當我問凱倫最重要的事

情是什麼時，她說在老師平台上要有更多的老師；當我問銷售主管時，他說要有更多的企業客戶。沒有人連結到你的目標 —— 收益。你們的目標不一致。」

我繼續說道，「這是因為有太多優先事項，每一個都是你專案清單上的最優先項。你抹平了策略的重要性，這意味著你用很少的人做很多的策略性提案。你不能給一個團隊一個很大的目標，然後期望他們在一個月內達成主要目標項目。這些事情需要時間和人力，你必須要幫助他們建構出來。」

「那我們的產品經理呢？」他問。「當然，他們應該要懂得拒絕，我的其他領導團隊也應該如此。如果他們不認為這些要做的事是正確的，我會想聽到他們說出來。」

「你的公司沒有建立這類回饋方式，員工們害怕跟你或他們的主管交談。你將員工們的獎金與軟體發布綁在一起，而不是與解決問題綁在一起。他們認為他們必須發布，否則將無法獲得薪酬。」我說。

我繼續說：「此外，你在產品管理角色中的人選不對。」，「他們不知道如何找到對的解決方案來增加收益。他們是行銷人員，不是產品經理。你需要建立一個適當的產品管理組織，能去探索如何為企業實現價值。這是一種專業技能。」

克里斯看上去不知如何是好，但已經做好準備改變。「那我該怎麼做？公司需要成功，Melissa。我可以做什麼來改善這情況？」

「你陷入了建構陷阱，克里斯。為了跳脫它，需要改變你們處理軟體開發的方式，從公司層面和從管理層面。你們必須成為產品主導型的公司。這涉及將組織的整個心態從交付轉變為實現成果。你將必

須改變你的結構、你的策略，不只要改變工作方式，還要改變治理的政策和獎勵方式。」

他看上去不知所措。

「你準備好進行這麼大的改變了嗎？這並非易事，但100％是有可能的。」我說。

「我們不能再用現在的方式繼續下去了，否則我們將倒閉。」他說，「我會做的。」因此，我們開始了。

瑪奎立是一個公司陷入建構陷阱的經典案例，問題不在於它沒有一個好想法或一個好產品，而是公司本身沒有安排設置好，能讓好產品不斷發展而至成功。該組織缺少所需的角色、策略、流程和政策，去確實地促進和維持真正的價值創造。

對公司而言，建構陷阱的可怕，是因為它讓他們的注意力分散。每個人都如此專注於交付更多軟體，以至於他們忽略了真正重要的事：為客戶創造價值、實現業務目標，以及進行創新與競爭者抗衡。

當我們看不見什麼是重要的東西、當我們忘記價值代表什麼，我們生產的產品（有時甚至是我們公司本身）就會失敗。這在大組織和小組織都會發生。

Kodak（柯達）未能看見數位攝影的影響，它沒有回應改變，而是依循過往的方式加倍努力。當公司嘗試進行創新時（我在本書的後面將進行討論），不是從結構上去做。它做的太少、太晚了。

Microsoft（微軟）雖然沒有立即失敗的危險，但它曾走向瓦解。它一直反覆使用同樣的策略方法，依靠 Windows 搭載其業務，直到 CEO Satya Nadella 上任為止。他讓公司重新一致往未來策略前進，使其能不斷創新，然後據此調整從事這些活動的人員。

建構陷阱不僅與軟體發布有關。而是要意識到你必須改變自己過往做事的方式。這是將產出進度的衡量標準，與真正價值搞混了。要擺脫建構陷阱，你需要看整個公司，而不僅是開發團隊。你是否正優化組織以持續創造價值？你是否以公司層面來發展和維持產品？這就是產品主導型的組織所要做的。

在本書中，我將詳細說明你可以如何建立一個產品管理組織，以尋找可最大化業務和客戶價值的機會；我們從產品經理的角色以及如何創建適當規模的結構開始；然後，我們深入探討策略如何支持該角色，以及產品團隊應如何工作以實現該策略；接著，我們討論組織如何建立其政策、文化和獎勵系統以維持它；最終，這本書為你提供了一個指引，藉由成為產品主導型組織，以跳脫建構陷阱。

但是首先，讓我們先看看建構陷阱是如何產生的，以及什麼跡象是你需要當心的。第一個是對價值的錯誤想法。

價值交換系統

當公司誤解了價值，它們最終會陷入建構陷阱。它們沒有將價值與其想為本身和客戶創造的成果相關聯，而是透過所產出的事物數量來衡量價值。瑪奎立就是一個明顯的例子，領導者讚揚公司在一個月內發布了 10 個功能，但是這些功能中沒有一個能實現他們的目標。

讓我們回到能決定什麼是真正價值的基本原理。從根本上來說，公司的運作基於價值交換，如圖 1-1 所示。

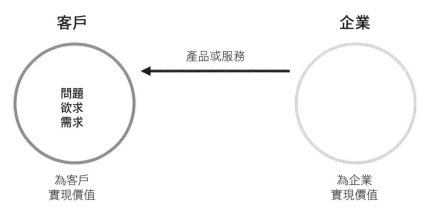

圖 1-1　價值交換

在左方，客戶和使用者有其問題、欲求和需求。在右方，企業創造
產品或服務以解決這些問題並滿足這些欲求和需求。只有解決了這
些問題並滿足了這些欲求和需求，客戶才能實現價值。然後，只有
這樣，他們才能反向向企業提供等價物，如圖 1-2 所示。

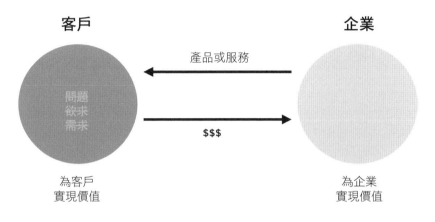

圖 1-2　價值交換實現

價值，從企業角度來看，是非常直接的。價值就是可以挹注你企業
的東西：金錢、資料、知識資本或促銷活動 / 宣傳。你建構的每一
個功能和你公司採取的任何提案，都應產生一些能挹注回企業價值
的成果。

但是，從客戶或使用者的角度來看，價值可能很難估算和好好地衡
量。產品和服務並非天生具有價值，它們的價值來自其為客戶或使
用者所做的事，例如解決一個問題，或滿足一個欲求或需求。反覆
地並可靠地實現價值是引導公司成功的關鍵。

當公司對客戶或使用者的問題不太了解時，就不太可能為他們定義
價值。不是努力去了解有關客戶的那些資訊，而是創造出容易量測
的代表值。「價值」變成了交付出的功能數量，結果是，發出的功
能數量變成了主要成功指標。

這些公司接著激勵他們的員工，並用同樣的代表值來判斷他們是否成功。開發人員因寫了大量功能程式碼而獲得獎勵；設計師因微調了互動和創建出畫素完美的設計而獲得獎勵；產品經理因寫了長長的規格文件，或創建大量敏捷所謂的代辦清單而獲得獎勵。團隊因發布了大量功能而獲得獎勵；這種思維方式既有害又普遍存在。

我曾經與一家為企業提供資料平台的公司合作。當我加入時，那個平台總共有 30 個功能，待辦清單上還有大約 40 個。當我統計客戶對這些現有功能的使用情況時，我們發現人們一直有使用的功能只有其中 2％。但是，開發一直進行以增加更多功能，而不是試著重新評估已經有的。

怎麼會變成這樣？有幾個原因，且這些原因可套用到許多陷入建構陷阱的公司中，公司正在玩追趕遊戲：試圖快速跟隨其競爭者所發布的每個功能。它甚至不知道這些功能對競爭者來說是否運行的好，但是管理層堅持要一樣。這與 Google+ 在 Facebook 所陷入的陷阱相同 —— 不太去做區隔，只是複製而已。

公司在銷售過程中也做出過多承諾，不管客戶說什麼都答應，只求簽下合約。結果是大量的一次性功能只能滿足其中一個客戶的需求，而不是策略性選擇來建構可以同時滿足眾多客戶需求的功能。

公司不是去分析這些功能中的每一個如何為客戶提供獨特的價值，並推動公司策略前進，而是陷入了反應模式。其建構不帶有意圖。然而，它卻認為自己是一家成功的公司，原因是它在使用者會議上有百萬個功能可介紹。公司忽略了使它的產品對客戶有吸引力的東西是什麼 —— 而這些使該公司與眾不同。

你必須了解你的客戶和使用者，深刻了解他們的需求，以決定哪些產品和服務將能同時滿足客戶和企業的需求。這就是你如何建立「價值交換系統」的方法，如圖 1-3 所示。為了了解這些，公司需要使員工更接近其客戶和使用者，以便他們可以得知這些資訊，這代表整個組織要有對的政策來啟動這樣的機制。

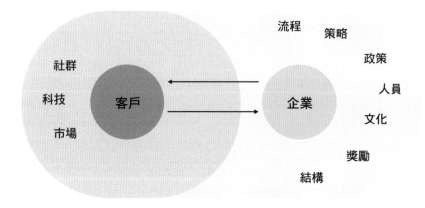

圖 1-3　價值交換系統

政策是影響此價值交換系統的其中一種限制。如圖 1-3 所示，這個系統受到兩端限制的影響。

價值交換系統中的限制

客戶和使用者會受到與他們在一起的人（他們的社群、家庭和朋友）的影響，他們也會被其他像是現在可得的以及市場上現有的科技所影響。你的客戶和使用者並非活在什麼都沒有的世界中，因此他們的欲求和需求會根據周圍環境而變化；同樣的，如何滿足這些需求的機會也在不斷變化，公司無法直接地控制這些環境，所以我們唯一能做的就是更了解它們，以知道如何行動。

同時，企業面對著本身的限制。為了實現最大價值，組織需要擁有對的人員、對的流程、對的政策、對的策略和對的文化。雖然客戶端的許多限制和影響不在我們的控制範圍內，但企業可以完全掌控自己的限制和處理它們的方式。當這些限制太多時，系統兩邊的價值就會縮減。

例如，許多公司遵循某些固定的開發流程和節奏，因此沒有機會去實驗。每當我開始新的訓練或工作坊時，我都會對產品經理說：「如果你回去會再迭代一次你上次發布出去的東西，請舉手。」通常15～20％的人會舉手。我的下一個問題會是：「你如何知道所發布

出去的東西是成功的？」得到的回覆通常是，在截止日期前達成和完成無錯誤的程式碼。

這就是公司只在意產出而非成果的主要例子。產出（output），是我們所生產的易於被量化的東西——像是產品或功能的數量、發布的數量或開發團隊的速度；成果（outcome），則是當我們最終交付這些功能，並解決了客戶問題時所產生的結果。真正的價值在這些成果中實現，不但是為了企業也是為了使用者或客戶。

但是，我遇到的大多數公司都陷入了產出模式，且他們整個組織被優化以增加產出，他們的流程驅動於截止日期及達成越多清單上功能越好，團隊因建構更多而被獎勵與激勵。政策存在的目的是去推動團隊寫更多程式碼或發布更多功能，而某些努力（例如與客戶交談）被視為一種浪費。

大多數公司沒有意識到這些因素對其生產價值的有害影響，而原因是它們並未實際去衡量其行動的成果。他們失去了策略和願景的方向，最終落入建構陷阱中。

為了具策略性並讓人們有策略性地運作，我們需要停止以發布的功能數量來評判團隊，而應該去定義和衡量價值，然後就團隊為我們企業和使用者帶來多少成果而去讚揚他們。我們應該建構有助於實現這樣目標的產品。

專案 vs. 產品 vs. 服務

要轉變為策略性思維也需要轉變我們對產品開發的思考方式。許多公司是以專案為基礎的開發週期運作,他們會把要完成的工作劃出範圍、建立截止日期和里程碑(milestone),然後讓團隊開始工作。當專案結束後,他們將繼續進行下一個專案。這些專案中有各自的成果衡量標準,但其上沒有一個一致的策略。

市面上有許多發揚專案管理類型思維的最佳實務架構和認證,像是 PRojects IN Controlled Environments(PRINCE2)、Project Management Institute(PMI)和 Project Management Body of Knowledge(PMBOK)。落入建構陷阱的公司,通常會將這些架構視為產品管理架構。

要了解產品管理及其與專案管理的區別,我們首先需要定義什麼是產品,以及這為什麼重要。

產品,正如我之前所說,是價值的載體。它們不斷為客戶和使用者提供價值,無需公司每次都建構某些新東西。它可以是不需人工干預即可為使用者實現價值的硬體、軟體、包裝消費品,或是任何其

他手工製品。Microsoft Excel、嬰兒食品、Tinder、iPhone ── 這些都是產品。

服務，與產品不同，主要使用勞力來為使用者帶來價值。以服務為基礎的組織，可以是為企業創建 Logo 或品牌的設計代理機構，或者可以是會計公司中處理你稅務的會計師。這些服務可以被「產品化」，可為每個客戶以相同價格提供相同服務，但是它們本質上仍然需要人員來執行。藉由創造執行該服務的軟體產品，它們也可以被自動化以擴大規模。

許多公司使用產品和服務的組合來提供價值。例如，許多軟體公司走用戶端模式，意即它們直接將軟體安裝在其使用者的電腦上，並有一個服務團隊來到，並進行安裝、客製和設定。任何你要獲得成功的服務或產品，都應以一個系統的方式進行優化，以使更多價值流向使用者。

這就是專案起始之處，一個專案是一個具有特定目標的不連續的工作範圍。它通常有一個截止日期、里程碑和將要交付的特定產出。專案完成後，該目標就達成了，然後你繼續進行下一個。專案是產品開發中必不可少的部分，但是僅以專案來思考的思維方式會造成損害。

一個產品是某個需要被培育和被發展以成熟的東西，這需要很長時間。當你發布功能以強化一個產品時，你正為整體成功而貢獻。這樣的功能強化是一個專案，但你的工作並未因完成此專案而結束，你需要透過許多新專案來不斷迭代你的產品，以達成總體成果並獲得成功。

這就是為什麼產品管理（及雇有產品經理）的概念對公司如此重要的原因。你需要這個學科幫忙將公司轉向為產品而組織，而不是為了專案而組織。優化其產品以實現價值的公司稱為產品主導型組織，這些組織的特徵是產品驅動成長，藉由軟體產品擴展組織，並不斷優化直到能達成期望的成果。

4

產品主導型組織

產品主導型的公司了解其產品的成功，是公司發展和價值的主要驅動力，他們會為產品成功進行優先排序、組織和制定策略。這就是它們能脫離建構陷阱的原因。

但是，如果不是產品主導型，那麼你公司是什麼型態呢？許多公司由銷售、由遠見者或由技術所主導取而代之。所有這些組織的方式，都可能使你落入建構陷阱。

銷售主導型

銷售主導型的公司讓其合約定義其產品策略。還記得我之前提到在資料平台上那 30 個沒人使用過的功能的例子嗎？那就是一家銷售主導型的公司。產品地圖和方向被對客戶的承諾驅動，而沒有回頭與總體策略保持一致。

許多小公司一開始都是銷售主導型的，這沒關係。作為一家新創公司，有必要做成第一個大客戶的生意，獲得繼續營運所需的收入。因此，他們將為該客戶盡心盡力，與客戶緊密合作以定義產品地圖，接受他們所有的要求，且有時還會為客戶特別客製東西。但是這種工作方式無法長期擴展。當你擁有 50 到 100 個或更多的客戶時，除非你想成為一家專門客製的機構，否則你將無法建構個別獨特的東西去滿足每個客戶的需求。如果你不想變成那樣，你就需要改變策略去建構可適用於所有人的功能，而不是去客製。

然而，許多不想走客製路線的公司卻持續以銷售主導型來運作，而沒有做出改變。他們的銷售流程優先於他們的產品策略，因此他們不斷需要追趕以達成承諾。這使產品團隊沒有為推動公司前進而定策略或探索的空間。

遠見者主導型

遠見者主導型公司的最簡單例子是蘋果公司。史蒂夫‧賈伯斯（Steve Jobs）推動該公司前進，制定了產品策略，克服了失敗產品的障礙而獲得今天的成功。他突破了已知的界限，而公司的其他人則跟隨。

當你有對的遠見者時，遠見者主導型的公司可能會非常強大。但是，不是到處都有賈伯斯。而且，當那個遠見者離開時，產品方向會變怎樣？通常會走向敗落。自 CEO 提姆‧庫克（Tim Cook）接手蘋果以來，這一直是蘋果公司的挑戰。在建構了現在的產品之後，全世界都在想蘋果公司的下一步將是什麼。

遠見者主導型的公司是無法永續運作的。創新需要被融入系統中，這樣就不會有一個人變成最弱環節。當你有 5,000 個腦袋（相對於

一個）一起處理某個問題時，你可以更好地利用這種力量來取得成功。

技術主導型

另一個常見的營運方式是技術主導型的公司。這些公司受最新、最酷的技術驅動。但問題在於，他們常常缺乏面向市場、以價值主導的策略。

技術對軟體公司的成功非常關鍵，但它不能驅動產品策略。必須由產品策略來領導。那些讓技術領導其路線的公司，常常發現自己花了許多力氣卻毫無進展，產出很多非常酷的東西，但沒有買家。

產品策略連結著企業、市場和技術，使它們和諧地運作。你需要能夠將價值主張帶給你的使用者，否則你將無法賺錢。

產品主導型

讓我們回到產品主導型的公司。產品主導型的公司優化其業務成果，使其產品策略與這些目標一致，然後排序出最有效的專案，將幫助開發這些產品成為可持續的成長動力。要變成產品主導型，你需要查看角色、策略、流程和組織本身。本書就是要幫助你做到這一點。

好處是，進行這種改變在技術上並不困難。你不需要聘雇一整個新團隊，你不需要丟棄你所有的產品重新開始。不過，真正需要的，有時甚至更具挑戰 —— 就是思維方式的轉變。

透過執行本書中的工具並持續地實踐它們，你將開始以一種改變你
思維的方式運作。但是，最終，你需要堅持下去。這將是具有挑戰
性的，因為對於個人和公司而言，這都是一種新的思考方式，你需
要開始聚焦於成果並採用實驗性思維，去消除不確定性，而你正建
構的東西將實現你的目標。

5

我們知道和不知道什麼

產品開發充滿著不確定性。將事實與我們需要知道的東西給區分開來很重要。為此，我們來探索一下我們所處情境的已知和未知，如圖 5-1 所示。

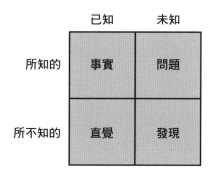

圖 5-1　已知和未知

當啟動專案時，最好先識別出你對處境的真實了解——你所知的已知。這些就是你從資料或客戶關鍵需求中收集到的事實。並不是所有察覺到的需求都是必要的，但其中一些是。這些可能是政府法規明令的，或是做這項工作所需的基本需求。

你需要將這些項目分開作為事實，並將那些你不確定的標記為所知的未知。所知的未知要夠清楚，即你知道要問哪個問題。它們是你想要去測試的假設、你能去研究的資料點、或你可以去識別和探索的問題。你可以使用發現方法和實驗來澄清這些問題，將它們轉變為事實，然後進行建構以滿足這些事實。

所不知的已知是那些當你說「我感覺這是要做的對的事」的時刻。這是多年經驗的直覺。雖然我們所有人都應該聽取直覺，但你也應保持謹慎，因為這通常是偏見茁壯之處。一定要去確認並實驗一下自己的直覺是否是對的。

所不知的未知是你不知道你有不知道的事情。你的不知道使你不足以詢問對的問題或識別出知識差距。這些是需要去發現的驚喜時刻。它常常出現在你與客戶交談時或你正分析似乎無關的資料時。它們在研究過程中出現。你需要對這些發現保持開放，並順勢跟隨它們，因為它們可能會改變你公司的樣子。

產品管理就是去識別和調查這些所知的未知並減少所不知的未知的領域。任何人都可以基於所知的已知去運作解決方案。這些事實很容易可得。但是，它需要相當技能去從大量資訊中篩出並識別出要問的正確問題以及何時提問。

產品經理識別出功能和產品，將可解決客戶問題又可實現企業目標。他們將「價值交換系統」最佳化。

思考一下公司中所有不同的角色，從銷售和行銷到技術和設計。這麼多的功能單位中，很少有橫跨技術端和業務端的。而產品經理恰扮演居中角色，將需求轉化為產品，既能滿足客戶需求又能維持和發展業務。

產品經理是成為產品主導型的關鍵。然而，很多的公司將沒有產品
經理能力的人員放在這個角色。通常也賦予他們錯的職責或期望。
在第 II 部分中，我們將討論產品經理的角色是什麼，以及他們如何
幫助你跳脫建構陷阱。

產品經理的角色

角色
策略
流程
組織

產品管理是一種職業,不僅是你在團隊中扮演的角色。產品經理對企業和客戶都有深刻的了解,以識別產生價值的對的機會。他們負責整合多重資料,包括使用者分析、客戶回饋、市場研究和利害關係人的意見,然後決定團隊應朝哪個方向發展。他們使團隊專注於為什麼 —— 我們為什麼要建構此產品,以及它將產生什麼成果?產品長(CPO)是公司產品團隊的基石,幫助連結業務成果和產品藍圖,並將其影響呈現給董事會。公司需要建立一標準化的產品管理職涯,以吸引合適的人才,並為他們提供成長機會,以在當今市場上保持競爭力。

這是我擔任產品經理的第一個月，而我剛完成了我人生中第一份產品規格文件。我把它印出來給我的老闆審閱，然後坐在那兒眼眶含淚的盯著它看了五分鐘，就像看著一個心愛的孩子一樣。我花了整整一個星期的時間來準備。它長達二十一頁，其中有 14 個設計精美的模型（mock-ups）和所有可以想到的錯誤案例，都為開發人員準備好了，無須提出任何問題。他們將擁有他們想像中的一切，可以開始為我們的網站創建「變更密碼」頁面。

直到幾個月前，我才知道什麼是產品管理。在第一份工作中，我了解到產品經理的角色是創建者和仲裁者，我們將開發團隊與業務連結起來，收集需求並將其轉換為人們可以實際使用的功能。我會經常與銷售團隊會面，以了解客戶的要求，我們採訪了真正的客戶好幾次，以了解他們的習慣和需要。在我獲得需求清單之後，我會使用 Photoshop 來想出產品的樣子。幾年之後我才知道，產品管理和 UX 設計不是同一門學科。

當設計準備就緒後，我會開始為工程師寫規格文件，我從未真正知道他們怎麼處理規格文件，但是我知道，如果我做的非常詳細，工程師就不需要跟我對話。根據我大多數同事的作法，跟工程師對話是加分但不是必須的，因此，我會撰寫大量文件——20 至 30 頁的產品規格，詳細說明各個功能的方方面面。規格文件包含該功能的樣子、它如何運行，詳細到按一下按鈕時會發生的情境。此外，它們還說明了一些場景，例如，如果出現錯誤狀態，或者未在此表單中輸入任何內容就點擊「提交」時該怎麼辦？我堅信，我制定的規格越詳細，我這產品經理就做的越好。

規格文件完成後，我的主管會審核，然後再交給開發人員。幾週或幾個月後，我就有一項功能可以開始測試。當我確定一切運作正確

後，我們會在凌晨發給客戶，此時我們可以改某些東西而不會造成中斷（萬一要修補的話）。

當「變更密碼」頁面（我的第一個產品、從二十一頁的規格中誕生）交付給客戶時，我感到非常自豪。這是我的第一個真正的功能！那時我根本不知道這整個頁面要發行，可能只需要與優秀的開發人員進行幾次對話，再加上十分之一的文件甚至更少，就可以完成。但這不是當初我被教導做產品管理的方法，也不是大多數人被教導做產品管理的方法。

在本書的第 II 部分中，我們討論產品經理的角色、學習產品管理的途徑，以及公司通常如何搞不清楚產品管理這個專業。傑出的產品經理必須能夠成為業務、技術和設計部門的中介，並運用他們聚集而成的知識。我們將看到成為產品經理所需的技能，以及如何將這一至關重要的角色整合到公司中，以便為你的客戶和你的業務找到最佳解決方案。

6

不佳的產品經理典型

現在這個時代,學習產品管理的途徑很少。大學不會教這個,在職訓練方案通常很缺乏。Microsoft 和 Google 是僅有的兩家真正有產品經理入門職涯的主要公司,實習機會稀缺無比。而且,你遇到的大多數產品經理如果不是從公司內部轉職的,就是從軟體開發部門中「晉升」的。

如果你很幸運地被教導產品管理,那麼你所學到的通常非常表面:編寫需求文件(或敏捷中所謂的使用者故事)、規劃與開發人員開會、進行確認會議、收集業務團隊的請求,並進行測試以接受開發結果和找出錯誤。上述許多步驟都來自於傳統「瀑布式」環境中的產品經理的做法,這也是我當初所學習的環境。

在瀑布式流程中,產品經理的第一步是與業務人員(通常稱為內部利害關係人)進行交談,並詢問他們的意見和要求。在新入行產品經理的訓練中一直被鼓勵這樣做:始終滿足你的利害關係人。在我第一次擔任此職務時,我被告知利害關係人是行銷經理、我的主管和銷售團隊。我每週與他們會面、了解他們需要完成的項目,然後將這些要求變成規格。

需求被詳細列出後，通常會將它們交給設計師以創建一個吸引人的好看介面，同時與開發人員合作以確保系統要求有被做進去。在產品經理同意設計師的作品後，軟體工程師即可開始寫程式。寫程式通常需要數個月，大型專案的話甚至可能需要數年，客戶只會在流程的最後看到產品。

如果你現在開始絞手並焦慮著說：「事情不是這樣運作的！」我會完全同意你。隨著敏捷方法論被廣泛得知，越來越多的人看到這需要花費數年時間才能確定給定要求是否正確的系統的缺陷。

許多公司，例如我們瑪奎立的朋友，都急切地採用了敏捷方法，認為這是在軟體上創造更多價值的靈丹妙藥，但卻只感到失望。為什麼？敏捷確實促進了更好的協作方式，和更快的軟體建構方法，但是它大大地忽略如何去做有效的產品管理。

敏捷，假設了某人在漏斗的前端產出並驗證想法，而不是優化軟體的生產。然而，這塊始終是缺失的，因為公司相信敏捷是成功軟體開發所需的全部。因此，敏捷組織中的許多產品經理仍然以這種瀑布式思維工作。

作為一名出色的產品經理，需要對你的使用者有透徹了解、對你的系統進行仔細分析，並具有看到和執行市場機會的能力。當在沒有積極思考下就行動時，你最終只會有許多無用的功能。我們很少教產品經理如何思考，即使我們這樣做，我們也沒有去衡量這種想法是否成功，反而因寫出詳細的規格或確保開發人員按時發布，而受到讚揚。

當我問人們如何定義產品經理時，我得到很多不同答案，即便是產品經理本身：「產品經理是提出要建構什麼東西的想法的人！」或者，「他們是客戶的聲音！」還有一定會出現的，「產品經理就是產品的 CEO ！」

要了解產品經理「不是」一個什麼樣的角色，你需要了解不佳的產品經理的常見典型。讓我們從最後一個開始，因為我特別討厭它。

迷你 CEO

產品經理不是產品的迷你 CEO，但是我見過 90％的產品經理職務描述說他們是迷你 CEO。CEO 在許多事情上擁有唯一權力，他們可以解雇人、他們可以更換團隊、他們可以更改方向。但產品經理，無法改變許多 CEO 可以在組織中改變的事情。他們尤其在人員上無權，因為他們不是團隊人員的直接管理者，他們反而需要依靠影響他們才能真正朝某個方向前進。

在這奇妙的 CEO 迷思中，誕生出一種非常傲慢的產品經理典型，他們認為他們統治整個世界。我在瑪奎立公司中發現了一位，他的名字叫尼克。尼克剛剛從商學院畢業，並被聘為公司的產品經理。所有的開發人員都討厭他，UX 設計人員也是如此。為什麼？

坦白說，尼克對設計師和開發人員來說很糟，他特別想成為一名產品經理，是因為他想像自己是下一個賈伯斯（Steve Jobs），是一位有遠見者，會命令其團隊建構全部的東西。不用說，他團隊的其他成員不太喜歡這樣。他感到沮喪：「團隊不聽我的，我無法讓他們建構我想要的東西。」可憐的尼克，他只是不了解自己的角色。

我把他帶到一旁並說:「嘿,我曾經像你一樣,讓我告訴你,這種心態對你的發展不利。我曾加入名流電子商務網站 OpenSky,成為產品經理,但自視甚高。我不想聽到對我想法的批評。畢竟,我是有遠見者,這是我的工作。如果有人來找我提到其他想法,我會立刻駁回。那種態度不會為你贏得任何朋友,而且老實說,我很痛苦,我的團隊不想和我一起工作。」

我引起他的注意。我繼續說:「所以,有一天,我的老闆把我叫去,告訴我,如果我不開始說服團隊,那我將會失敗。這時我開始改變方法。他提醒我,我的工作是產出價值,而不是發展自己的想法。我發現開始謙遜後,我才創造出人們喜歡的產品,在此之前,我所開發的產品無法為我的客戶帶來想要的結果,且沒有人用它們。我還有一個交付緩慢、缺乏動力的團隊,因為他們不贊同。」

尼克坐在那裡且聽進去了,「我想做的更好!告訴我,我必須做些什麼才能變得更好並建構很棒的產品。」

「開始傾聽你的團隊,讓他們參與。傾聽你的客戶並專注於他們的問題,而不是你自己的解決方案。愛上那些問題。另外,請找到資料以證明和驗證你的想法,轉成具體證據,而不僅是意見。」尼克接受了我的意見,改變了做事方法。他藉著舉行腦力激盪,讓他的團隊參與,一個月內,每個人對尼克的看法開始變得較好;然後,他確保他們有跟上、詢問他們的意見,並歸功於團隊。他仍然必須贏回他們的信任,但是他絕對是朝著對的方向前進。

聽取每個人的意見很重要,但這並不意味著產品經理應執行所有建議。如果完全執行,將使我們陷入了產品經理的另一個最常見的典型:服務生。

服務生

服務生，從本質上來說，是只接受指令的一類產品經理。他們去找他們的利害關係人、客戶或管理者，問他們想要什麼，然後將這些欲求列入要開發的項目清單中。沒有目標、沒有願景、不涉及任何決策制定。這是瑪奎立公司裡 90％的產品負責人團隊的典型。

在這類型的產品經理身上，我最常聽見的問題是：「我該如何排出優先順序？」因為他們沒有目標可供其從中權衡取捨，排序成為一種視乎是誰提出請求的競賽。通常，重要人物提出的功能會被優先處理，這在非常大型的公司中經常發生。產品經理應該要帶著對的意圖，出去與客戶談話並了解他們想要什麼；但是，服務生沒有去發現問題，而是直接問：「你想要什麼？」客戶要求特定的解決方案，產品經理就執行它們。這就是你最終會遇到我的朋友 David Bland（產品指導兼顧問）所說的產品死亡週期，如圖 6-1 所示。

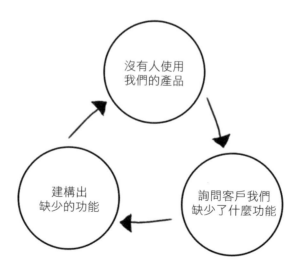

圖 6-1 產品死亡週期，作者：David J. Bland（經 David J. Bland 許可轉載）

產品死亡週期是建構陷阱的一種特有形式。你正執行著沒有驗證過的想法，提出自己問題的解決方案不是客戶的工作 —— 那是你的工作。你需要深入了解他們的問題，然後為他們決定出最佳解決方案。

服務生是反應型思考者，而不是策略型思考者。通常是因為習得的無助感助長了此種思考方式。他們不相信他們可以拒絕這些解決方案，並更深入地研究問題。但這不是真的。客戶想要他們的問題得到解決，領導者想要達成目標，拒絕，是建構成功產品不可或缺的。那是工作的一部分。

非常有可能發現服務生典型與其他典型相結合，像是專案管理，因為他們不聚焦於原因，而是傾向聚焦於時程。從事產品管理角色的專案經理們，經常成為管理日程表的服務生。

前專案經理

產品經理不是專案經理，雖然做好這個角色需要一點專案管理。專案經理是負責時程的 —— 一個專案什麼時候完成？每個人都在進度上嗎？我們在截止日期前能按時完成嗎？

產品經理則是要負責原因 —— 我們為什麼要建構這個？它如何為我們的客戶帶來價值？它如何幫助實現企業目標？後面的問題比前面問題更難回答，而且通常對其角色不了解的產品經理，經常會從事專案管理工作。許多公司仍然認為專案經理和產品經理是一體且相同的。

敏捷方法論將專案經理的職責分配給整個團隊，這些跨功能團隊擁
有致力於發布一項功能的所有關鍵參與者，因此跨部門之間需要的
協調較少。如此，當所有這些不同業務領域的人，將他們的時間分
配在不同專案上，專案管理已不再像以前一樣被需要。

因此，這些公司中曾經存在的許多專案經理，現在都已變成產品經
理或產品負責人，但是他們通常缺乏成為一名出色產品經理所需的
經驗。滿足原因跟滿足時程有很大的不同，它需要一種了解客戶、
業務、市場和組織的策略性思維，對於優秀的產品經理來說，這是
一項關鍵技能。

7

一位優秀的產品經理

產品經理在組織中的真正角色,是與團隊一起創建出對的產品,其權衡了業務需求滿足和使用者問題解決。為此,他們需要身兼多職。有效的產品經理必須了解公司的許多面向,才能有效地做好工作。他們需要了解市場以及業務運作的方式、他們需要真正了解公司的願景和目標,他們也需要對他們建構產品的目標使用者有深刻同理,去了解這些人的需求。

「產品經理」職稱本身具有誤導性。有效的產品經理不是一位經理。該職位不帶有太多直接管理權限。為了成為有效的團隊領導者,產品經理需要辨別出團隊成員的優勢,並與他們合作以實現共同目標。他們需要說服其團隊(及公司的其他成員),他們正致力於建構對的事物。這種影響他人的技能很必要。

關於產品經理角色的最大錯誤想法之一,是認為他們負責整個產品,因此可以告訴每個人要建構什麼東西。如果這樣行事,只會使團隊中的其他成員與你疏遠。產品經理確實負責他們所建構產品的「原因」;根據公司策略,他們知道眼前的目標,且了解團隊應該朝哪個方向建構。他們向團隊的其他成員溝通這個方向。

產品經理與團隊的其他成員一起去發展想法，當在需求被驗證後即投入，以確保所創建的產品能夠實現客戶、使用者和企業的目標。然後，他們致力於強固產品願景，雕琢它、傳達它，然後擁護它。但是，最終，是團隊全體真正負責此產品——即產品是什麼。

弄清楚要建構什麼，需要採取策略性和實驗性方法。產品經理應領導這些實驗，同時繼續識別和揭示每個所知的未知。在產品開發之初，所知的未知通常圍繞問題探索和客戶行為，例如：「我們不確定我們要為客戶解決什麼問題。」隨著這些未知變得越來越清晰，不確定性便會移到解決該客戶問題的是什麼東西。

產品經理將各點相連結，他們從客戶研究、專家資訊、市場研究、企業方向、實驗結果和資料分析中得出輸入。然後，他們篩選並分析這些資訊，使用它來創造一個產品願景，這將幫助公司進一步發展並解決客戶的需求。

為此，產品經理在方法上必須夠謙遜以學習和體諒，因為他們並不知道所有答案。他們需要知道，在過程中有很多假設必須去處理，用科學的心態去驗證它們並降低風險。最終，產品經理的目標，是透過聚焦於學習以降低風險。最重要的是，他們需要知道並非所有好想法都是出自他們自己。

技術專家 vs. 市場專家

優秀的產品經理需要能夠連結業務、技術和設計部門，並利用他們整體的知識。產品經理最糟的特徵之一就是獨來獨往的心態，即他們是唯一負責其產品成功的人的想法。這導致他們變得傲慢無禮，且無視團隊的想法。優秀的產品經理知道，利用其團隊的技能和專業知識將能走得更遠。

產品經理不是從無中想出解決方案。他們與 UX 設計人員一起合作，以了解使用者的關鍵作業流程，而體驗要素可以幫助達成使用者的目標。又他們與開發人員一起合作，以決定如何快速向市場推出產品或功能。

我經常聽到的一個問題是：「UX 設計和產品管理之間有什麼不一樣？」這兩個學門有很多重疊，但是使用者體驗只是打造出色產品的一部分。設計是成功產品的重要組成，但同樣，它僅是其中的一部分。產品管理是關於照看整個系統，包括需求、功能組成、價值主張、使用者體驗、潛在商業模型、定價和整合，並弄清楚它如何為公司產生收益。它是關於了解組織的全局，並想出產品（不只是體驗）如何相合。

公司在聘僱產品經理時犯的最大錯誤之一，就是試圖找到技術專家或市場專家。產品經理不是這兩個領域的專家；他們是產品管理方面的專家。這並不意味著他們不需要這兩個領域的知識。他們需要足夠的知識來與工程師或業務人員談話，並充分了解來做出有根據的決定。

產品經理必須具備技術學養，但不是技術專家。這意味著他們跟開發人員在技術上可以有足夠的討論和充分的了解，以做出權衡的決定。他們知道要對工程師問哪些問題，以了解某些功能或改善的複雜性。除非產品具有很高的技術性，且他們必須深刻理解該技術才能做出決定，否則產品經理不需要會寫程式。

市場端也是如此。雖然很了解市場對產品經理來說很有價值，但這是他們可以習得的。這一切關乎權衡你團隊的技能；如果你團隊中有很專業的市場分析師，那麼一位優秀的產品經理知道要如何與他們談話，向他們學習，並運用他們的技能。

這是瑪奎立遇到的一個問題，他們聘請了一些專業的前行銷人員擔任產品經理，雖然他們確實知道如何行銷，但他們很難去為一家線上教育公司建構出產品。我們最後將他們移到業務內容方面，這才符合他們的職涯目標和公司目標。

產品經理要仔細權衡所有學門，才能夠制定策略並決定最適合的產品。一位優秀的產品經理會認真聽取所有團隊成員的投入內容，但最終，他們會做出艱難的選擇，決定出什麼對企業好也同時對使用者好。

一位優秀的產品經理

「那麼，優秀的產品經理長什麼樣子？」瑪奎立的團隊問。我認為他們對聽我發表的意見已感到厭煩，所以我請來梅根，一位我認識的產品經理，她曾在一家大型零售銀行開發消費者貸款軟體。她來跟團隊說明，她如何看待自己的角色，以及她每天的工作內容。

梅根說：「我總是從我們貸款部門的願景開始。」「那是我們的業務，願景是要讓貸款申請人在申請時（或抵押品持有人使用時）更簡便，從任何地方都可以提供他們的資訊。」

梅根負責改善首貸申請人的體驗，她花了很多時間與他們談話並向他們學習。「我真的能感受我的使用者的感受，且弄清楚是什麼使他們沮喪。我打給我的顧客瑪莉和佛瑞德，」她告訴瑪奎立團隊。「他們住在紐約市，正在尋找他們在康乃狄克州的第一個家，因為瑪莉懷孕了，而他們想要更多的空間。你不會相信他們申請此貸款必須經歷多少事情。在過去的一個月裡，他們必須多次去當地銀行分行與一位貸款專員會面，並在辦公室填寫大量紙本文件，萬一忘記一些所需的文件，只能隔天再來並再做一遍。然後，他們必須等待，

才能知道他們是否能貸到他們需要的金額。」梅根繼續說明這對夫妻必須經歷的詳細過程,很明顯,她非常了解客戶,並且知道他們的的痛點。

但是她是如何決定要解決哪些痛點呢?這個嘛,梅根已跟她的產品副總一起識別出與部門願景相一致的業務目標:要增加首貸申請者的人數。在當時,60%開始進行貸款流程的首貸申請者,最後沒有在這家銀行完成送件,卻轉向跟處理流程較合理的競爭者申請。

她的目標是提高該百分比,因此,當梅根評估客戶需求和貸款服務中的問題點時,她問自己:「這將幫助我們增加這些人完成申請的可能性嗎?」

第一件梅根想了解的事,是什麼使放棄率高達60%。她調出資料以找出誰曾開始流程但最後沒有完成,然後與這些人聯絡。不少人說,他們對這一流程感到沮喪,並渴望有人讓它變得更好。

梅根開始定期帶她的團隊成員(開發人員和 UX 設計師)到使用者研究會議,以便每個人都可以清楚地了解問題所在。很快地,他們發現了一種模式:許多潛在客戶被要求到辦公室核對文件,是因為這無法在線上完成;大多數人選擇去另一家銀行,是因為要預約去跟銀行職員核對文件的時間太久。梅根接續進行了更多的調查,發現這是一個普遍存在的問題,且有此問題的人,只有25%真正在她銀行完成他們的申請。

現在,她已經找出了問題,梅根召集團隊開會以產生解決方案的想法。他們很小心不立即跳到結論,且想出了幾種解決問題的方法,並決定進行一些小實驗,以查看哪種解決方案最佳。

梅根向我們團隊說明了這個實驗所需：以人工承擔這工作，來了解如何建立一個線上系統，做為上傳和核對貸款所需的文件之用。該團隊與選定的初貸申請者合作，讓他們用電子郵件發送文件。在此實驗中，銀行指定人選來審核文件並核准。這段期間，用該方法的新申請者完成比例，比親自到辦公室的完成比例高 90％。

藉由運作此實驗，梅根能夠證明出，實現其目標和增加使用者滿意的最佳方法，是建構一種方法讓所有東西在網路上做完。「我們知道我們無法一步做到那樣，但這是我們對未來的願景，我們必須朝這個方向努力，並在過程中更了解每個部分。」

從那之後，梅根的團隊將工作反推，透過去排序價值和了解所需精力，決定出新產品的第一個版本可能包含哪些內容。他們決定擴大這個成功的實驗，並為使用者在申請時創建更能維持的方式來送出其文件，但他們仍然將核對工作留給人員進行。雖然他們無法線上核對每個人的資訊，但他們可以將所需核對的親自訪問次數減少50％。這是一個很好的開始。

他們制定了計劃以繼續迭代其解決方案，包括加上人工智慧（AI）組成和線上公證，直到他們達到完全線上核對的目標。「我在產品管理上學到最大的道理，就是始終專注在問題上。如果你將自己定錨在「為什麼」上，那麼你將更有可能建構對的東西。」梅根說。

從「為什麼」開始

現在，讓我們談談是什麼讓梅根和她的團隊如此成功。她從問「為什麼」開始？

- 為什麼我們要在貸款上將所有東西數位化？

- 何必要做這個專案？

- 我們希望在這裡實現什麼想要的結果？

- 成功是什麼樣子的？

- 如果我們將其全部數位化但沒有人申請貸款會怎樣？

- 我們如何減輕該風險？

產品經理太常直接深入創建解決方案，而不仔細考量相關風險。前面提到的每一個問題，對梅根來說都是一個風險，有可能使她的專案失敗。我們為什麼要做這個？在許多零售銀行和其他組織中，產品經理沒有機會去問為什麼，利害關係人或主管交代他們要做怎樣的功能和解決方案。有時，這些功能是在年度預算期間決定並承諾的；在其他時候，這被視為是主管的職責——去決定要建構哪些解決方案。如果採用上述方法執行這些解決方案，你會因成見而招致失敗的風險。所有的解決方案想法，都受組織或個人的成見影響，克服這種成見的唯一方法，是向使用者學習並進行實驗。

在許多情況下，當組織下達解決方案時，他們跳過了設定成功指標和目標的過程。如果梅根當初只是被簡單告知：「把申請貸款流程數位化，因此無需親自到場申請」，則她的專案走向可能大不相同。如果她發現她的客戶們不想線上申請，而更想到辦公室申請該怎麼辦？如果流程數位化導致完成率急遽下降怎麼辦？如果沒有給她足夠空間，她該如何做出決定去矯正前述問題呢？

當我去幫助組織成為產品主導型時，我從主管那裡聽到的最大問題，是他們的產品經理沒有走上前並「負責產品」。但是，這是一種雙面刃，在許多情況下，產品經理可以做更多來領導產品，他們可以對解決方案提出疑問，並拒絕被交辦的事情。但要去收集資料和

證明解決方案需要花時間，這就是人們會將敏捷中所謂的產品負責人和產品經理混淆之處。

當你查看大多數 Scrum 文獻中產品負責人的角色時，該職位的三個職責包括：

- 定義產品待辦清單，為開發團隊創建可行動的使用者故事。

- 整理並排序待辦清單中的工作。

- 接受完成的使用者故事，以確保工作符合標準。

這些就是在較短產品負責人訓練（通常一兩天）所關注和教導的。儘管 Scrum 對於怎麼做產品負責人的流程和行事的資訊有很多，但是它留下了許多未回答的問題，而這些問題對於創造成功產品很重要：

- 我們如何決定價值？

- 我們如何衡量市場上我們產品的成功？

- 我們如何確保我們正建構對的東西？

- 我們如何定價和包裝我們的產品？

- 我們如何將產品推向市場？

- 要建構還是購買？

- 我們如何整合第三方軟體以進入新市場？

為產品負責只是產品管理的一部分。一個好的產品經理被教導如何去排序工作（根據明確的、以成果為導向的目標）、去定義和發掘真

正的客戶和企業價值，以及去決定需要哪些流程來減少在市場上產品成功的不確定性。

沒有產品管理方面的背景，還是可以有效地進行 Scrum 中產品負責人角色的行動，但是他們永遠無法成功地確保自己在建構對的東西；換句話說，產品負責人是你在 Scrum 團隊中扮演的角色，產品經理是一個職業。

如果你採用非 Scrum 團隊，也不依照 Scrum 過程做，你依然會是產品經理。產品管理和 Scrum 可以很好地協作，但是產品管理不依賴 Scrum，此角色應存在於任何框架或流程中，且公司需要了解這一點，才能讓它們的人員邁向成功。

大多數組織沒有給員工必要的時間，去做產品願景和研究工作。他們寧願讓他們負責源源不斷的產出，並根據成堆的待辦清單和寫故事來衡量成功。

梅根之所以成功，很大程度上是因為她的主管和組織讓她成功；他們一起定義出她的目標，她的老闆給了她實現目標的空間，公司則為她提供了完成目標所需的支持，最重要的是，她擁有被允許與使用者談話的優勢。

透過與那些沒有完成貸款的人談話，她了解到文件驗證的問題，因此她可以說：「啊哈！我相信，如果我能找到一種方法來驗證這些文件，我們可以讓人們完成他們的貸款。」她找到了要解決的問題，而不是猜測要做出什麼，然後針對可能存在或可能不存在的問題提出解決方案。

然後，梅根與她的團隊合作，找出解決該問題的方法。她不是在演獨角戲，她請開發人員、設計師、利害關係人以及為了成功執行所需的任何其他人員一起參與。在需要這些人員時，讓他們一起參與。她沒有在未診斷出問題時，接受利害關係人的命令來創建功能；相反的在制定對的解決方案時，她依靠貸款業務的利害關係人提供給她資訊和指導。她專注於使用者及其需求上，而不是內部團隊的欲求。在實驗成功之後，她便能夠團結公司在整個功能的遠景上。

產品經理最終會扮演一些關鍵角色，但最重要的角色之一，是能夠將業務目標與客戶目標結合起來以實現價值。好的產品經理能夠透過創建或優化產品，來找出達成業務目標的方法，所有這些都是依解決實際客戶問題的觀點。這是非常重要的技能。

公司常常不知道產品經理應該做什麼，或者為什麼他們如此重要，我經常聽到人家跟我說，他們公司不需要產品經理：「CEO 想出了一切。」我很常聽到這個說法。「我們不是大公司，我們只有幾百人，而領導團隊可以處理這些。」藉口堆積如山，但是當我看這些人的公司時，它們很少能成功地為使用者維持長期價值，它們很快被瓦解，或者，如果它們規模較大，則會慢慢凋零。如果你想擺脫建構陷阱，並開始專注於客戶需要和想要的永續解決方案和產品，則你必須擁抱產品管理。

一個角色，很多責任

克里斯開始明白了，「嗯，我真的要有產品經理。它的職涯是什麼？我如何讓他們繼續忙於其中和成長？」我們談論了責任、以及隨著你變得更資深，事情會發生什麼變化。

作為產品經理，你的角色和責任將根據你的情境、你產品的階段、或你在組織中的領導層級而變化。與非 Scrum 團隊或在較小團隊中，你可能會為尚未定義好的產品，做更多的策略和驗證工作；與 Scrum 團隊，你可能會更專注於解決方案的執行。作為產品經理的主管，你可能會領導較大部分產品的策略，並指導你的團隊去發掘和完善執行。

Scaled Agile Framework（SAFe）對此有不同的說法，而我認為這是它整個架構中最弱的部分之一。在 SAFe 中，產品經理是產品負責人的主管，並負責面向外部的互動和運作。他們與客戶談話、定義要建構產品的要求和範圍，然後將這些資訊傳達給產品負責人；產品負責人則是面向內部、定義解決方案的各組成，並與開發人員合作以發布。

我已經訓練了數十個使用 SAFe 的團隊，但從未見過它運作得好。雖然擁有一個架構，可以將所有你在技術上要做的事清楚列好，聽起來很吸引人，但在實務上它通常會失靈。產品負責人與使用者的連結是斷開的，而無法創建有效的解決方案，因為他們不了解問題所在。產品經理基本只是瀑布式的下達需求，團隊不允許去證明是否建構這些功能是正確的。沒有人在做驗證工作。

我聽過很多爭論，說產品負責人沒有時間扮演這兩種角色，在當前情況下，這是對的。曾經有個產品負責人跟我說他每週花 40 個小時寫大量使用者故事。在這一點上，你需要問，這些使用者故事是否有價值？他們是根據什麼排序它們？他們怎麼知道它們將解決問題？如果你讓一個人每週花費這麼多時間來寫使用者故事，那麼你幾乎肯定是在建構陷阱中了。

有良好的策略框架就位，並圍繞幾個關鍵目標進行堅定的優先排序，一個人可以有效地與客戶交談、了解他們的問題，並幫助與團隊一起定義解決方案。外部與內部的工作，將依據產品的成熟度和成功與否而有變化，但是，你永遠不應同時做所有的工作。

我教導我的客戶，擔任資深職務的產品經理（像是副總、產品主管或中階主管）專注於為團隊定義出願景和策略，根據市場研究、對公司目標和策略的了解，以及其產品成功與否的現狀。而沒有 Scrum 團隊或與較小團隊（例如，只有一位 UX 設計師和一位開發人員）合作的產品經理，則幫助為未來產品驗證並促成該策略。在驗證方向後，我們基於這些人員，建立更大的 Scrum 團隊並建構出解決方案。

同樣重要的是，要能根據你產品的階段，靈活調整團隊規模。如果你在發現階段，就給產品經理一個大型 Scrum 團隊要維護的待辦清單，他們的待辦清單會一直很滿，在保持工作流向開發人員與嘗試做些工作去驗證方向之間，他們也將陷入拉扯。結果，兩邊最終都做不好。

如果你要建構可同時為你企業和客戶都可創造價值的產品，則你的公司需要有好的產品管理基礎；如果你想為你的員工提供職涯，則你需要給他們這個基礎，以便他們可以成長為更資深的角色。因此，提醒你的員工要像產品經理一樣思考，他們可能大部分時間都在 Scrum 團隊中扮演產品負責人的角色，但是你需要他們像產品經理一樣思考，以驗證你是否正建構對的事物。

8

產品經理的職涯

當組織規模較小時，其產品團隊也較小，這代表這些人幾乎做了所有事情，為了確保公司的成功，他們橫跨很多職能，並且必須這樣做。隨著公司開始擴大規模，他們的產品團隊也必須擴大規模，責任也變得更加明確。沒有足夠的時間讓一個人在一天中去做產品組合所需的所有工作。這會使產品管理組織中有更多層級，而這些人員的職責會根據他們從事的戰術性、策略性和營運性工作的量而有改變。

產品經理的戰術性工作，聚焦於建構功能和發布出去的短期行動，它包括了展開和與開發人員和設計師一起考量工作的日常活動，還有咀嚼資料以決定下一步要做什麼。

策略性工作，是關於定位產品和公司去贏得市場並實現目標，它著眼於產品和公司的未來狀態，以及要做什麼以達成它。

營運性工作，是關於將策略連回戰術性工作。產品經理在這創建一個地圖，將產品的當前狀態連結到未來狀態，使團隊在工作上達成一致。

與開發團隊合作、深入研究個別使用者需求和問題以及測量資料的
基礎,始終是任何階層產品經理的相關技能。了解建構軟體或硬體
的技術含義、知道使用者體驗如何影響使用者價值,以及將其重新
連接回業務目標,是該學門的基本基石。但是,隨著產品組合或產
品的規模擴大,你需要產品人員開始將這些知識帶往不僅僅是功能
的更廣泛觀點,以確保所有東西都可以像一個系統般協作。這就是
為什麼隨著產品經理的成長,戰術性工作會減少的原因,如圖 8-1
所示。

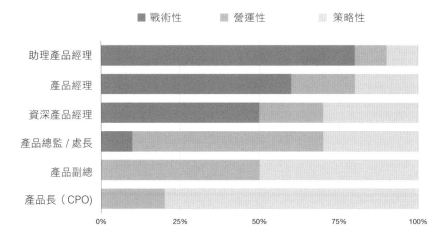

圖 8-1　產品人員角色的策略性、營運性和戰術性百分比(適用於 10 人以上的
團隊)

讓我們看一下典型的產品管理職涯:

- 副產品經理

- 產品經理

- 資深產品經理

- 產品總監 / 處長

- 產品副總

- 產品長（CPO）

副產品經理

副產品經理角色是產品經理職涯的入門職位，然而，正如我在本部分開始時提到的那樣，除了 Microsoft 和 Google 之外，其他公司中沒有很多這類角色。這是產業中需要去改變的。如果公司想要優秀的產品經理，公司需要開始培養他們。

雖然我相信你可以教授產品管理的基礎給任何親近該領域和有學習意願的人，但請記得，這是一門必須作為職業要去精通的學門。正如我在本章中所說的那樣，產品管理無法在為期兩天的課程中學習完，即便有如此多敏捷顧問公司要你如此相信。你需要像其他專業一樣，透過經驗和實踐來發展此技能。

開發人員透過向資深架構師和非常資深的開發人員來學習，銷售人員會從其部門中經驗豐富的銷售主管那裡學習技巧。這也是產品管理需要的，也是為什麼需要有經驗豐富的產品管理人員與初階人員配對很重要的原因。但是，正如任何曾經嘗試聘僱資深產品管理人員所知道的那樣，市場上並沒有太多這類人，資深的人會被迅速雇走。為什麼我們缺少這麼多有這個角色經驗的人？

設置副產品管理或初階產品管理計畫是關鍵。如果你經營一家公司或有能力建立自己的產品組織，我鼓勵你為人們創建這個職涯選擇，開放這個角色給想轉入產品管理的人，不管是剛畢業或從其他職業轉職的。將它們與資深產品經理配對，以教給他們經驗，給他

們所有他們需要的指導。透過給初階人員一個機會，來創造我們需要的資深人員。

產品經理

產品經理與開發團隊和 UX 設計師合作，為客戶構思和建構對的解決方案。他們從一開始就參與，與使用者交談、整合資料、從功能角度做出決策。產品經理通常負責較大型產品中的一個功能或一組功能。

這是一個困難的角色。產品經理需要具有足夠的策略性，以幫助打造出功能的願景，以及它們如何符合整體產品又具有足夠戰術性，來確保解決方案順利執行。在此階層，相較於策略性，他們更偏向營運性，因為其責任多在短期影響和產品地圖上功能的交付。把它想成是以每季來聚焦。

危險是當產品經理 100％投入營運性時，僅專注於產品發布流程，而不是從整體立場去優化功能。當他們僅針對團隊的日常執行進行優化時，他們通常在功能成功所需的策略和願景工作上落後。這就是為什麼一定要將專案管理工作盡可能交給團隊，並信任他們能夠交付的原因。

產品經理是一個較大產品團隊的一部分，向產品和產品組合層級的產品人員，提供功能是否成功的資訊，這有助於告知產品組合和組織的策略和方向。他們向產品總監（或較小的公司的產品副總）報告。

許多公司都加了產品負責人職銜，其中包含先前討論過的相同職責。他們將其視為產品經理之前的入門角色，正如我之前說明的那

樣，當你視產品經理為僅看策略，而視產品負責人為僅看戰術時，你會錯過願景與日常工作之間的連結。這使你陷入前面提到的危險中，即讓產品人員過於戰術性。當你嘗試在職涯階層向上前進時，產品負責人將沒有所需有效的策略經驗。我認為在產業中，我們最好放棄產品負責人這樣的職銜，而將這個職位的每個人都稱為產品經理，以便有一個一致且有意義的職涯。

資深產品經理

資深產品經理負責與產品經理相同的工作，但他們負責更大範圍或更複雜的產品。這是產品管理領域中最高階的個人貢獻者，這意味著他們不進行人員管理。他們更專注於開發產品而不是帶領團隊。這是一個特別具挑戰性的角色，因為你沒有帶領團隊來接手你在營運性方面的工作，你必須兼顧高度策略性和高度營運性。

這是一個喜歡困難產品問題的人的角色，他們想從事新的、創新的產品，並為公司開拓新領域。他們的角色與開發中的架構師角色非常相似，更多地聚焦在安置開發架構並進行擴展，而不是管理其他開發人員。

資深產品經理對於各種規模公司的成功非常重要，因為他們可以比許多產品經理更獨立地運作。他們通常也具創業特質，這是一個很大的特徵，因為這些人通常是將為企業開啟新產品線的人。

產品總監／處長

產品處長通常僅在較大型公司中才能找到，對於擴大規模而言，他們是關鍵角色。在某些時候，公司將發展至讓太多人同時向產品最高主管匯報的程度，這同樣發生在產品範圍擴大和產品功能增加

時。此時產品處長變得很必要，以幫助提升策略性一致和營運性效率，並將他們的產品群連結回產品或產品組合願景。

產品處長是人員管理的第一線，他們管理一群產品經理，負責產品組合中的一個產品或產品線。產品處長負責產品的策略性地圖，通常會以年度時間線來看，他們還負責團隊的營運性效率，確保所有產品經理都一致於適當目標，且致力於最重要項目以推動產品前進。

產品副總

接下來是產品副總。擔任此角色的人將管理所有產品線的策略和營運。

產品副總負責將公司目標連結回其產品線的成長，借助團隊中人員的輸入和他們提供的資料，他們設定了整體產品的願景和目標。在大型企業公司中，產品副總還直接負責其產品線的財務成功，不僅是交付出產品功能而已。所有在大型公司的產品副總必須在策略和目的上一致，以確保有一個成功的產品組合。

在較小的公司中，產品副總通常是最高階的，因為這類公司常只有一個產品而不是多個產品線。在這些公司中，產品副總通常負責一個或少數幾個產品團隊，他們必須深入研究產品的戰術性工作，以確保事情能夠完成。這意味著這些人往往更有創業精神，並且在推出和開發新產品上表現出色。

在實務上，產品副總不是傾向於較策略性就是較戰術性。有些副總非常擅長擔任產品經理，並擅長自己開發產品；有的產品副總則是更專注於策略和想出產品的成長計畫。一個成功的產品副總其本質

上是個策略性人員，並且知道為了擴大其組織，他們需要聘用接掌戰術性和營運性部分的人員。這也使他們得以成長為 CPO 的角色，其主要從事策略性事務。

產品長（CPO）

對於組織而言，CPO 是一個相對新又關鍵的角色。CPO 負責公司的整個產品組合，這是產品經理職涯中最高的職位，且它代表著公司執行長層中的一席。

當公司開始發展第二個產品、擴展到其他地理區域或與另一家公司合併時，應該考慮增加一 CPO 職位。此角色非常重要，要確保整體產品組合的協同工作以實現公司目標。

CPO 負責透過產品組合的成長來推動企業財務成長。雖然產品副總需要了解他們的產品地圖如何影響公司的財務狀況，但是 CPO 需要在所有產品中都做到這一點。他們與產品副總合作，以確保每個產品在策略性上都與公司目標保持一致，且每個產品都擁有實現既定目標所需的東西，像是資源和人員。

CPO 需要能成為與董事會的介面。Shelley Perry 是 Insight Venture Partners 公司的創投合夥人，也是 CPO 角色的專家，她曾說：「董事會成員關心技術和產品決策的財務影響，一位成功的 CPO 需要能夠將其行動轉譯為董事會可以理解的語言。」

Perry 幫助 Insight 的各投資組合公司（都是成長階段的軟體公司）找到最佳的 CPO 人選。當她聘用 CPO 時，她會尋找符合一些關鍵人格特質的人：

假設他們已經在產品、技術和財務管理各面向都精通，那麼使
其與眾不同能成為最佳 CPO 的有三個特質：他們啟發信心、
同理、且堅持不懈又有適應力。

為了啟發人們對產品方向的信心，CPO 跨多個功能部門工作以爭
取贊同和一致。他們有必要橋接和統一關鍵部門和利害關係人。他
們透過調整說故事的方式，及以在各群組間可靠的舉止來做到這一
點。這種特質也使他們能夠透過影響力來完成事情，而不是以直接
權威。

與其他執行長層角色一樣，CPO 很少只根據產品管理課本上的原則
做出決定。其他例如當前的狀態、財務目標和組織改變的速度等因
素，也必須納入考量。透過同理其同儕群組的其他成員、他們的客
戶和他們的團隊，CPO 可以找到一種一致所有目標的前進之路；這
也使他們能跨越相近產業並將自己沉浸在客戶視野中。

最後，CPO 必須堅持不懈又有適應力，他們要有欲望去挖掘並找出
什麼是可行和什麼是不可行的。他們不斷進行評估和分析，嘗試證
明自己的假設是對還是錯，並秉持自身對數據資料負責。當某些事
情無法如計畫進行時，他們需要堅持的精神，不斷去挖掘並找出什
麼將可行。

在執行長層中擁有一個很強的產品領導者，是邁向產品主導的關鍵
一步。不幸的是，由於此領域還仍在發展中，目前市場上沒有多少
CPO。我的公司 Produx Labs 已與 Insight Venture Partners 公司合
作，創建出 CPO 加速器，其將幫助產品副總成長為 CPO。我們很高
興能夠培養成長階段公司的未來領導者，幫助創造出傑出的產品主
導型組織。

9

組織你的團隊

你建立你產品團隊的方式、及組織他們去做需要完成的功能和產品的方式，對於你產品開發的成功異常地重要。公司傾向於以三種主要方式去組織：價值流、功能和技術組成。

當我剛來時，瑪奎立是以技術組成建構團隊的。CTO（技術長）說：「我們的敏捷教練建議我們將 Scrum 團隊放在產品的每個領域，這樣才能全面覆蓋。」雖然從理論上講這是合理的，但實務上它有助於促進不良的產品管理。

在一場關於產品團隊有良好產品管理技能的工作坊上，我正強調堅實基礎的重要性，此時有一位產品負責人插話道：「大部分的道理都很好，我很想以這種方式工作，但是我不能，因為我必須讓我們 login API 的代辦清單一直是滿的。如果我不這樣做，我的開發人員將無事可做。」

「這是一個新的 API 嗎？」我問。「現在的 API 是否存在大量問題使你要修正？」結果是，它沒有重大問題，一直運行良好。「你的目標是什麼？你何時知道你的 API 已完成，然後可以繼續進行其他工作？」

「哦，不，不，不，」她說。「這就是我所負責的，這個 API 是我們團隊所負責的，我們一直不做其他的。這就是我們的功能 —— 我們一直只負責這個。」

他們正在積極從事已經處於穩定狀態的技術組成，它已經被優化並運作正常。他們不需要為實現公司目標而工作，但是她正在為自己的團隊創造工作，因為她被告知這是她負責並可以做的東西。

當團隊依特定功能去組織時，會發生類似的問題。許多團隊都這樣做以使涵蓋範圍完整，即產品的每個部分都有特定負責人。如果你是從零開始且還沒有建立產品組織，這是很好的方法；但漸漸地，它會促成一種非常以輸出導向的思維。不是去努力實現目標並拒絕任何不能使我們到達目標的事情，而是傾向尋找方法去發展更多與我們負責的產品那一小部分有關的事物。

如果我們退後一步思考，並使這些團隊的工作一致於產品和策略的整體願景（我們將在下一部分進行討論），我們會發現很多工作實際上都不應該優先去做。當功能穩定後，我們應該監控它們，然後繼續往所需的更重要工作以支持我們的策略。

但是，你可能會問：難道你不希望團隊去負責所有功能，以便你有一種方法去確保有人在照看它們？是也不是。為了有效地組織團隊，你需要在團隊涵蓋範圍和你試著實現的目標之間保持平衡。

當公司規模還小時，你可以依照你想試著實現的目標進行有效組織。想一下 TransferWise 公司是如何做的。這家位於倫敦的公司在做電匯生意，與銀行收取的費用相比，你可以用非常低的費用以其他貨幣向不同的國家 / 地區匯款。TransferWise 的產品團隊相對較小，大約在 12 名左右，他們組織團隊的方式 —— 依照策略性目標，使他們可以保持小規模，並且仍然可以完成大量工作。

一個團隊專注於保留率，一個專注於執行新貨幣，另一個則專注於獲取新使用者。每個團隊都有各自要負責的目標，並根據其成果來判斷是否成功。他們還被允許跨所有產品，去做任何實現這些目標所需的一切。各產品團隊之間進行大量協同活動，因此每個人都與其他人密切協作，即使協同活動可能看起來很麻煩，擁有較少團隊使他們會無情地依據最重要提案來排序。沒有無價值的工作。

這種結構也在整個公司中創造了很好的餘裕，因此跟個別產品有關的重要資訊不會都在一個人的腦海中。如果有人離開公司，他們不需擔心那些根深蒂固的知識跟他們一起離開；如果一個團隊忙於工作，另一團隊不需要等待他們修正錯誤，因為他們自己負責該產品的那一部分，且其他團隊不會知道如何解掉它。

TransferWise 公司是一個極端的例子，但對他們來說這效果很好。隨著公司規模的擴大，尤其是當他們開始維護多個產品時，這種方法可能不是一個可行的選擇。我們必須增加其他組成以組織團隊，但是我們仍然希望保留產品策略和面向目標的本質。除了這些外，我們也看組織的價值流。

價值流是指傳遞價值給客戶所需的所有活動，這包括從發現問題、設定目標、想出構想，到交付實際產品或服務的各種流程。每個組織都應努力優化這種流程，以便更快地將價值交給客戶。為此，有必要依據價值流來組織團隊。

你如何以這種方式來組織？首先，你從客戶或使用者（最終會消費你產品的人）開始，你為他們提供的價值是什麼？然後回推。他們在獲得該價值的過程中與你的公司之間有什麼接觸點？識別出這些後，你如何組織使能為他們優化和效率化該旅程？你如何優化以更快地提供更多價值？

許多公司對產品一詞感到困惑。你說產品，而人們會想到一個 app、一個功能或一個介面。如果你回想一下圖 1-1 中的價值交換圖，那麼產品就是價值的載體。因此，如果你的 app、介面或功能本身無法自己增加價值，那麼它只是整個產品的一部分。這並不代表不需要管理它。只是代表你必須目光更長遠不只看那部分，而是要了解如何管理價值傳遞和創造。

以一家保險公司為例。保險公司的產品就是他們向客戶銷售的東西：汽車保險、家庭保險、人壽保險等。我購買汽車保險是因為它可以讓我安心，在我萬一發生事故時，這就是價值。如果有一個 iPhone app 可以讓你管理自己的汽車保險，只是該產品價值流的一部分。該 app 可以幫助我得知我保險單的更多資訊，或者在我發生事故時能查找選項，此功能對我來說很有價值，但 app 本身的價值還不夠。我仍然需要汽車保險產品。

你依然可以安排一位產品經理負責該 iPhone app 體驗，但是你必須確保他們是擁有真正價值的更大部門（即汽車保險部門）的一部分。這種結構才能有機會制定部門層級的策略，而產品經理得以執

行與他們產品相關的產品提案。讓策略與價值執行一起是關鍵，這種方法讓你可以真正評估你團隊要進行的工作，並確保它是實現策略所必要的。

隨著公司規模擴大包含更多產品，你將需要更多管理階層才能有效地管理各個領域。但是，你不會想做過頭。擁有適當的階層也會對你的策略產生重大影響（我們將在下一部分中討論）。透過最小化階層數並給予產品經理所負責的產品更大範圍，你可以有效地創建出可支持產品策略的產品組織架構。

瑪奎立的產品團隊

瑪奎立的產品團隊並未設計可搭配組織擴大規模。該公司有 20 個依產品組成而組織的產品團隊，其產品經理每天都在寫使用者故事。20 位產品經理中，大多數應只能作為副產品經理，因為他們未曾擔任過產品經理角色。他們還只有一位資深人員，即副總凱倫，可以來指導他們。

「我們應該如何建起這個組織？」克里斯有一天問我。

我說：「我們需要依照價值流進行組織重組，但是首先你需要更多資深人員，並且應該從僱用一位有經驗的 CPO 開始。」，「凱倫是一位出色的產品副總，但她尚無法擔任 CPO 一職。雖然她非常擅長定出單個產品願景，並加以發展的戰術性和策略性工作，但她不了解如何管理產品組合；她無法與董事會介接，並向他們說明從收益角度他們將如何發展這項業務。她也不堪重負，且仍渴望學習。凱倫可以管理產品團隊並為你當前的老師平台設定願景，但她需要有人幫忙策略性和組織性決策，並指導她進入下一個階層。」

且：「與此同時，你還需要更多的資深人員，並且需要重組你的團隊。你讓每個人都分散在功能的各個組成部分中，但是沒有人可以為每個價值流提供一個整體願景。例如，你想發展老師平台，以便他們可以上傳影片並創建課程。現在，你有四個不同的產品經理都在做這件事，但沒有一個人負責整體願景。關於該平台未來的展望，沒有產生一個共識。凱倫對老師體驗有著很好的遠景，但她無法同時兼顧學生體驗。我會找另一個產品副總來接管學生體驗。」

圖 9-1 描繪出瑪奎立產品管理組織想要的最終狀態。我們從了解現今的產品開始，但是聘用 CPO 後我們想迭代產出更厲害的產品願景。沒有產品願景就無法建立組織結構，因為價值流不明確。幸運的是，瑪奎立的願景足夠在短期內產生相當多影響。

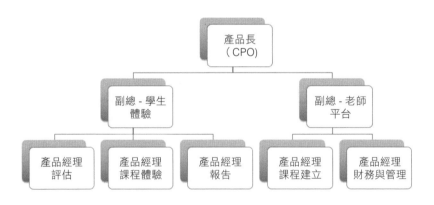

圖 9-1　瑪奎立產品管理組織結構圖的最終狀態

在此，我們平衡了資深和資淺人員，並確保我們可以適當地擴展規模。你可能會注意到組織中不是以 20 人去安排。為什麼？當我們開始將產品分解為價值流，並根據交付完整價值的功能組合（而不是像 API 這樣的功能組成）來組織時，我們發現並沒有 20 個領域。當

團隊根據價值而非功能組成進行重組時，經常會發生這種情況。他們發現他們並不需要那麼多人來實現其目標。

提供訂閱音樂服務的 Pandora 公司的例子，說明了小型團隊的限制實際上是有成功機會的。僅用 40 名工程師，就可以將每月使用者數擴展到 7000 萬 [1]，藉著堅持排序公司每季要做的工作。這為 Pandora 如今的 70 億美元估值奠定了基礎。保持小型規模迫使它專注於完成最重要的工作來發展業務。

產品經理需要空間，朝著整體成果導向的目標來管理。這意味著人們需要在價值上一致，並有範圍以對它做出可衡量的影響。這涉及到我們之前討論過的——根據你的策略去組織團隊，而這對你的企業來說是最重要的工作。

當組織缺乏一致的產品策略以關鍵目標堅定地排序，他們最終會同時分散自己的精力。很多團隊都在努力優化產品的組成，而不是整體。不要忘記，要產生巨大的影響，你需要讓每個人都朝著相同方向前進，朝著相同目標努力，就像 Pandora 公司所做的一樣。在下一部分中，我們將談到如何建立一個策略，可確保你做好它。

---

1 「This Product Prioritization System Nabbed Pandora 70 Million Monthly Users with Just 40 Engineers」, First Round. http://bit.ly/2O4KmR2.

策略

角色

策略

流程

組織

一個好策略不是一個計畫;它是一個幫助你做出決策的框架。產品策略將公司的願景和經濟成果,連結回產品組合、個別產品提案以及團隊的解決方案選項。策略創建是一個決定公司方向及發展出人們決策框架的流程。在每個層級都創建出策略,然後在整個組織中展開。

在 2005 年，Netflix 有超過 400 萬個訂閱戶，且 DVD 目錄中有
50,000 部電影和電視節目，這代表它過去六年來的顯著增長。因曾
在百視達（Blockbuster）被收取 20 美元的逾期金，Netflix 創始人設
定出願景：「以最便利簡單的方式為客戶提供電影和電視節目。」整
個公司都支持著這個願景。用這個以客戶為中心的願景，Netflix 開
始徹底顛覆市場消費娛樂的方式。

當時，該公司在 DVD 領域投入了巨資，也取得了令人難以置信的成
功。但是它並沒有把 DVD 作為終點。創始人兼 CEO Reed Hastings
在 2005 年接受《Inc.》雜誌的採訪時說：

> DVD 將在不久的將來繼續產生可觀的收益，Netflix 至少還有
> 十年主導的地位。但是，線上電影要來了，且在未來某一個時
> 間點它將成為大生意。我們開始每年將收益的 1% 到 2% 投資
> 在下載上，我認為這非常令人興奮，因為它將從根本上降低我
> 們的郵寄成本。我們希望做好準備以備隨選影片蓬勃發展，這
> 就是為什麼我們公司叫 Netflix，而不叫郵寄 DVD[1]。

Netflix 知道，如果它真的想成為人們觀看電影時最方便的工具，它
必須想出一種方法來更快地將娛樂內容傳遞給使用者。雖然網路在
2000 年初期迅速發展，但串流在當時還不是一個可行的選擇。在
當時，我要花一整個晚上從 Napster 下載一個很簡單的音樂專輯。
DVD 還比這些檔案大 1,000 倍。但是，到了 2005 年，網路已經達
到了實際可行的地步，這一發展幫助公司訂出未來的總體策略[2]：

1　Reed Hastings, as told to Patrick J. Sauer, 「How I Did It: Reed Hastings, Netflix,」
　　Inc. magazine, December 1, 2005. http://bit.ly/2ONZO9n.

2　Gibson Biddle, 「How to Run a Quarterly Product Strategy Meeting: A Board
　　Meeting for Product,」 Medium, June 21, 2017. http://bit.ly/2z4Y4h7.

1. 在 DVD 上坐大

2. 領導串流

3. 擴展至全球

由於 Netflix 已經涉足線上隨選影片領域，公司能夠確定人們感興趣。隨著網路更快速發展，該公司期待看到更多人下載隨選影片，而不是透過郵件接收 DVD。從策略的角度來看，這是有道理的——即時娛樂絕對比較方便。但是，採用這種方式的人並不如他們希望的那樣多，為什麼？

退後一步思考並從客戶的角度來看，Netflix 了解到當時唯一能連網的裝置是筆記型電腦和家用電腦，這並不是長期觀看電影最方便或最舒適的方式。有時候，是的，但這不是長期進行娛樂的首選方式。大多數人寧願在大螢幕上與家人和朋友一起觀看它們。這是一個公司決定要處理以領導串流市場的問題。它決定創建一種訂閱方式，讓使用者得以在任何裝置上觀看內容。

因此，Netflix 決定建構自己的可插入電視的連網裝置。他們稱之為 Griffin 專案[3]。該公司花了數年時間開發這個產品、測試並驗證該裝置。每個人都興奮不已。然後，在 2007 年產品推出的前幾天，Reed Hastings 向整個公司發了一封電子郵件，說要停止生產它。他說：「終止就是了」。

所有的時間，所有的錢，都白費了，就在推出的前幾天。為什麼？

3　Austin Carr，「Inside Netflix's Project Griffin: The Forgotten History Of Roku Under Reed Hastings,」 Fast Company. http://bit.ly/2Pnm2yA.

Hastings 意識到，如果他推出了硬體裝置，他將再也無法與其他任何人合作。他將踏入硬體業務，而不是軟體或娛樂業務。而那不是 Netflix 核心願景的一部分。因此，他做出了艱難的決定，並決定停止專案，即使該專案是如此接近完成，但它終究與總體策略不一致。

Netflix 取而代之的將 Griffin 專案分割為一家獨立公司，就是今天你所知的 Roku。然後，它把目光投向尋找可以讓他們在裝置上建構 app 的合作夥伴，他們與微軟接洽，然後六個月後，Netflix 在超過一百萬台 Xbox 裝置上啟用了，實現獲取更多串流客戶的目標。

Netflix 的故事是出色策略的縮影，我們很幸運，他們已經公開說了這個故事，以便我們可以從中學習。然而，即使有了這個策略框架，該公司仍然在 Griffin 專案和 Roku 陷入建構陷阱。為什麼？分心是很容易的，正如 Hastings 在接受《紐約時報》採訪時說的那樣[4]：

> 在我們最終贏過百視達之後，我回首並意識到這些事情分散了我們的注意力。它們沒有幫助，又傷害輕微。我們之所以贏的原因，是因為我們改善了日常服務的運輸和交付。那經驗是我們的根源，在核心任務上做得更好是我們贏的方法。

幸運的是，該公司及早意識到了這一點，並且透過回首其策略框架和核心使命是讓人們快樂，得以跳脫建構陷阱並不再陷入，這使 Netflix 成為迄今最成功的軟體公司之一。Netflix 是如何做到的？

4　James B. Stewart, " Netflix Looks Back on Its Near-Death Spiral," The New York Times, April 26, 2013.https://nyti.ms/2JgiRmF.

首先，它將整個公司集中在一個堅實的願景上。願景會隨著市場的發展，漸漸逐步演進。現在，Netflix 的願景是：「成為最佳的全球娛樂發行服務，在全世界授權娛樂內容，創建電影工作者可進入的市場，並幫助世界各地的內容創作者尋找全球觀眾。」這願景不僅說明了公司存在的原因，還說明了實現的計劃。它使團隊一致朝向對的方向。

然後，Netflix 根據關鍵成果和策略自行組織，以幫助實現其目標。Gibson Biddle 在 2005 年至 2010 年期間擔任 Netflix 產品副總，他談到使其團隊一致於一個共同準則來評估其產品策略，該準則是「用提高利潤、難以複製的方式來取悅客戶」。他設定了目標來實現它，並幫助 Netflix 在關鍵提案上實現公司願景（表 III-1），包括個人化、即時訪問娛樂和易用性。然後，團隊可以探索實現這些目標的戰術，且對每個指標的成功負責。

表 III-1　Gibson Biddle, Netflix 策略 , 2007

關鍵策略	戰術	指標
個人化	評分高手、Netflix Prize	在 6 週內評分 ≥ 50 個主題的客戶百分比；RMSE
即時	Hub 擴大、串流	一天內交付的磁碟百分比；每月觀看次數 ≥ 15 分鐘的客戶百分比
利潤增加	先前觀看、廣告、價格和計畫測試	淨利潤、LTV
簡單	簡化和終止；積極曝光	第一天有 3 個或以上主題在排隊的客戶百分比

這個願景、目標和關鍵提案的組合，有助於創建一個 Netflix 可以做出有關其產品決策的系統，有時是艱難的決定，例如終止 Roku。Netflix 可以改變戰術或終止想法，因為它承諾的是這些解決方案產生的成果，而不是承諾於正在建構的解決方案。然後，該公司用一個產品策略來執行這思維，使其連貫一致和使決策成為可能。

一個策略框架（像 Netflix 使用的）的很大作用是，它迫使你在放大細節之前先思考整體。當我們在開發軟體時，我們經常想到細節而忽略了全局。我們可以建構什麼功能？我們如何優化該功能？什麼時候交付？當一家公司僅想到功能等級的模型時，就會忘記要去看這些功能應該產生何種成果；而這就是使你陷入建構陷阱的原因。

在第 10 章中，我將介紹策略的基本組成，從公司願景的全局開始，然後一直往下展開到公司，再到團隊的活動。我們將討論好的策略如何聚焦，及使產品團隊一致於實現對的成果。

| 10

策略是什麼？

那是一個星期一下午，我在瑪奎立指導的其中一個團隊聚集在會議室的桌子旁，計劃著下一個實驗。實驗已探索了如何增加其產品的其產品獲取新使用者，但是存在一個問題。團隊成員不確定是什麼導致人們不去註冊，而這次會議就是為了弄清阻礙是什麼。

「我們有註冊漏斗，且我們可以看到人們在第 3 步後就減少了。我們需要開始好好地診斷他們為何不再繼續，這是我們本週的目標。我們要怎麼找出原因？」我問團隊，此時 CTO 也走進我們的會議室並坐下來。

一位我們的開發人員說：「我們必須找出一種方式與這些人聯繫。」「也許我們可以嘗試…」

他被 CTO 突然打斷，CTO 說：「我不明白你的產品策略，到底是什麼？」

「我不確定你的意思，」我回答。「他們正試著診斷問題，以便他們可以決定之後應該建構什麼。他們有一個目標，但他們正在發掘其周邊的問題。」

「不，」他說：「你需要有一個策略。在一週後，我想要看到一個規格文件，其中包含該網站的所有內容、所需的後端以及在接下來的三個月要建構的所有東西。」

我回絕：「如果他們不確定為什麼要建構它，他們怎麼可能告訴你應該建構什麼？在知道自己要解決什麼問題之後，他們才能想出對的產品。」

CTO 並非想要一個策略，他想要的是一個計劃。

好的策略不是一個詳盡的計劃，它是一個幫助你做決定的框架。人們經常認為他們的產品策略，就是利害關係人對功能的願望清單，以及如何實現這些願望的詳細資訊所組成的文件。而且，文件裡還充斥著像是平台或創新之類的流行語。

溝通產品的最終狀態，本質上是對的。你應該向著願景努力。但是，如果未經驗證即致力於這些願景和玄虛的功能組合，就會變得很危險。當我問人們他們的策略是什麼，而他們開始複誦自己的待辦事項時，我接下來總是會問這個問題：「你怎麼知道這個要建構的東西是對的？」大多數時候，我無法得到該問題的直接答案，或者我會聽到：「我不知道，但我老闆告訴我要建構它。」

我不打算止步於此，再往上一個層次，去問為什麼團隊要開發這個產品時，答案變得非常有趣。他們引用市場研究或要有跟競爭者同樣功能的需求，有時該功能是 CEO 下的命令。通常，我會聽到另一個讓我更害怕的答案：「一家大型顧問公司建議我們要做這個。」

公司向顧問公司支付數百萬美元，但這仍不能保證它建議的功能是對的。沒有收集實際證據就鎖定做這些行動計劃的團隊，將建構出對客戶無關緊要的無用功能。

字典將策略定義為「一個旨在實現主要或總體目標的行動計劃或政策。」這個定義似乎是企業界對好策略的常見說法，許多公司花費數月為來年做出「策略性計劃」，創建出他們將要完成的全面又詳細的任務項目、這些行動的費用、以及它們將產生的收益。這通常與預算流程綁在一起，且團隊必須報告商業個案（business case）和時間表，以確保為這些專案籌集資金。

將策略視為一個計劃，是使我們落入建構陷阱的原因。我們一直在清單上加上新功能，但是沒有方法去評估它們是否對我們公司整體是對的功能。Stephen Bungay 是策略展開和創建領域中最受尊敬的領導者之一，而他對策略的概念是不同的。在他的《The Art of Action（中譯：不服從的領導學）》一書中，他寫道：

> 策略是一個可展開的決策框架，使行動能實現預期成果，受當前能力的限制，與現存環境相一致。

一個好的策略應能超越功能的迭代，更聚焦在更高階的目標和願景上，一個好的策略應該可以支持一個組織數年。如果你每年或每月都在更改策略，又沒有數據資料或市場來的充分理由，那麼你是將策略視為一個計劃而不是一個框架。

11

策略性差距

在研究許多組織的策略時，Stephen Bungay 發現，當公司將策略視為一個計劃時，他們通常無法達成他們所預期的。這失敗起源於為填補以下成果、計劃和行動之間存在的差距而採取的行動。這些差距最終會導致組織內部的摩擦：

- 知識差距

- 一致性差距

- 效果差距

知識差距

知識差距（圖 11-1）是管理者想知道的東西，和公司實際知道的東西之間的差異。組織會嘗試透過提供和要求更詳細資訊來填補這一差距。

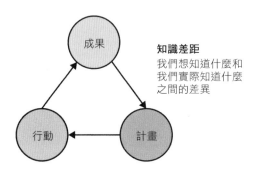

如果你是領導者對自己說：「哦，該死，我就是這樣」，你並不孤單。當我向某位 CEO 介紹這個概念時，他就是這樣說的。這可能是差距中最容易被識別出的。

我們也在瑪奎立的 CTO 身上看到了這個差距，他要求我們列出尚未驗證產品的每個細節，以便他對我們正在做的事情有更多的把握。大量的資訊並不總是對高層管理人員有幫助，你需要專注於溝通和要求足夠就好的資訊來做出決定。

相較於尋求更詳細的資訊，高層管理者更應限制其方向於策略性意圖的定義和溝通，或業務目標。結合策略性意圖去溝通公司前進的方向以及到達時希望實現的目標，策略性意圖將團隊指向企業想要實現的成果。

以瑪奎立的例子來說，當時有太多未知而無法制定詳細計劃，它仍然不明白為什麼使用者會在註冊流程的某些步驟中停止，這是在提出正確解決方案之前需要了解的核心問題。公司需要空間去實驗並去了解其原因，然後才能提出如何去解決問題。

假設一位產品經理告訴你:「我之所以建構這個,是因為這將有助於增加獲取,而新客戶獲取是我們在公司層級推動收益的優先大目標。我知道我的產品可以吸引人們來,我們知道這裡存在問題,但我們還不確定問題是什麼。我們的下一步是發掘那個問題,用解決方案解決它,然後嘗試優化解決方案,以便我們增加獲取。」這是有人在說故事。一個產品經理跟你說這個應該能激發信心,不幸的是,通常不是這樣的。

領導者仍將要求更多詳細資訊去討論順序。通常,這被視為不信任,且經常是不信任沒錯,但是通常還有更多。在我見過領導者以這種方式運作的每個組織中,故事還沒結束。典型的缺乏一致性,而團隊目標與公司整體願景和策略不一致。這種一致性差距正是真正導致要求越來越多資訊的肇因。

一致性差距

一致性差距如圖 11-2 所示,是為了實現企業目標,人們所做的事情與管理層希望他們做的事情之間的區別。組織試著透過提供更詳細的指令來填補這一差距;然而,取而代之的,他們應該允許公司中的每個層級去定義如何實現上一層級的意圖。

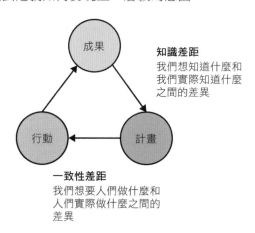

圖 11-2　一致性差距,由 Stephen Bungay 在《The Art of Action(中譯:不服從的領導學)》提出(經 Hodder & Stoughton 許可轉載)

我在一家公司四處去詢問一百多個團隊中所有的產品經理，為什麼他們要從事當前的專案，然後我問了他們的主管同樣的問題。從這兩個不同的階層，我得到了兩種不同答案。他們無法將團隊的活動連回公司的成果，因為主管傳遞的是功能要求，而不是預期成果和目標。一旦承諾了這些功能要求後，就幾乎不可能改變它們，因為該公司預期這些功能要求被交付出來。

雖然我在許多公司都見證了這個狀況，但有一個例子總是困擾著我。我當時在一家非常大型且成熟的公司（以下稱為 B 公司）中進行產品經理訓練，產品經理們告訴我公司裡的產品無法進行任何驗證工作，因為該團隊正建構的解決方案已經向領導層承諾要做出來。為什麼？嗯，B 公司僱用了一家大型顧問公司來研究和指出其未來五年的產品地圖，顧問們進行了市場研究和競爭分析，並提出了一個地圖，然後將其展開分配到各團隊中。

與此同時，這些團隊一直在與客戶溝通，知道顧問們提出的這些解決方案並不是客戶想要的。然而，他們的績效審核是基於這些產品的交付。他們想為客戶做對的事，但他們做不到，因為害怕失去工作。因此，他們明知不對，但仍建構了不對的產品。到年底，B 公司沒有實現任何一個目標，而團隊也受到了懲罰，即使他們是按照地圖交付了產品。

當這些團隊意識到客戶不想要顧問提出的解決方案時，他們應該有探索其他選項的自由，這就是產品主導型組織的運作方式；這就是能使我們脫離建構陷阱的東西；相反地，他們嚴守先前會議決定和例行公事使他們保持沉默。產品團隊需要自由去探索解決方案，並根據收到的資料調整其行動。只要他們與公司策略性意圖和願景保持一致，管理層就應該樂於授予必要的自主權給團隊去進行。

相對於直接下達命令，組織應該使公司各層級於為什麼上一致，並
應該給下一層級機會去找出如何做並向上報告。如果這樣做，產品
管理就成功了；如果上面的領導層不一致，問題就會一直向下滲透
到團隊。缺乏意義和焦點的情況蔓延，到了年底，公司將看到其目
標並問：「發生了什麼事？」領導層之間缺乏一致性，是迄今我看到
阻礙成功產品管理的最大問題。

效果差距

效果差距（圖 11-3）是我們期望我們的行動去實現什麼與實際發生
什麼之間的差異。當組織沒有看到他們想要的結果時，他們會試著
控制更多來填補這一差距。然而，在這種情況下，這是最糟糕的做
法。給予個人和團隊自由去調整自己的行動，使其符合目標，才能
真正使他們取得成果。

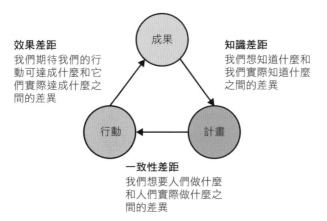

圖 **11-3** 效果差距，由 Stephen Bungay 在《The Art of Action（中譯：不服從
的領導學）》提出（經 Hodder & Stoughton 許可轉載）

所有這些誤導的、下意識的反應開始累積。管理層不是使團隊在目標和方向的框架上保持一致，然後退後一步給該團隊空間去探索如何實現目標，他們通常做法與此完全相反。他們要求更多資訊、他們期待團隊去承諾做出管理層來年想做的事、他們規定要有周密的解決方案，然後產品團隊被侷限於那些界限，而無法在過程中專注於學習和調整其決策。

為了解決這些不同的差距並為你的客戶提供好的產品，你需要以不同的方式看待策略，而就像 Bungay 所提議的，使他們能採取行動以取得結果。但是，為什麼我們要關心策略是否能夠讓人採取行動呢？嗯，這就是你如何擴展組織的方式 —— 藉由自主型團隊使其能採取行動。

自主型團隊

在瑪奎立，產品經理因缺乏自主權而感到沮喪。一位資深的產品經理告訴我：「我不斷聽著領導者告訴我，說要我負責自己產品的願景，但我不被允許那樣做。我的主管不斷交待我解決方案，每次我嘗試提出不同東西時，我都會被冷處理。當我們走向敏捷時，我們被告知我們的 Scrum 團隊應該要自主，但這絕對不是自主。」

與瑪奎立的領導者交談時，我聽到一個不同的故事：「我們的產品經理不會站出來並負責產品，我必須不斷囑咐事情給他們，但這是因為他們不主動。」

這是一個有趣的對立，但在陷入建構陷阱的公司中，這很常見。這些都是沒有好策略框架使其可採取行動的徵狀。如果團隊沒有一致於明確方向和目標，他們就無法有效地做出決策。如果他們敢於嘗試，大多數時候，領導者會介入並說：「不，那是不對的。」

自主是讓組織擴大的要素。另一種替代方案是聘請百名或千名由權威領導的中階管理者，告訴人們要做什麼。隨著組織成長到上千或甚至上萬名員工，這將變得非常無效率且高成本。它還會導致不必要的管理層次和許多的挫折感。人們最終會不快樂，而不快樂的人很少會做出出色的工作。

權威領導是工業時代方法論的遺俗，即對低技能工作者進行嚴格監督，以使他們的產出最大化。在軟體界，我們不是這樣工作的。我們僱用非常聰明的人，並付給他們數十萬美元，去決定如何藉製作客戶喜歡的複雜軟體來使公司成長。當你擁有這些有才能者時，你需要給他們空間去做決定，以便你可以充分運用他們的知識和技能。

這就是策略性框架所提倡的。如果你連貫一致，且有一個好的策略性框架，則你可以讓人們在無需太多管理者監管的情況下做出決定。

12

創造一個好的策略性框架

回到瑪奎立，CEO 在建立產品團隊上有很大的進展。他去外面聘請了一位名叫珍的優秀產品長（CPO）。珍來自另一家專注於訓練開發人員的線上學習公司。該公司已經成功地擴展了其平台，並在取得不錯的 IPO 後退場。

我為珍加入團隊而感到興奮。她在前一家公司領導了建立策略的工作，並將所有這些知識帶來這裡。她在第一週就開始發現與我所見相同的問題。

「我走訪組織中所有的產品經理，並問他們為什麼要從事某些工作，他們沒人能回答我。」她說。「沒有目標，沒有方向，他們只是被動地建構來自客戶的請求。」

她不停地問，「然後，我去問了領導團隊的同事們，作為一家公司，我們能做的最重要的事情是什麼？」珍繼續說道。「他們都給了我不同的答案，很明顯，大家對我們的策略是什麼，或者我們想成為怎樣的一家公司並沒有達成一致。」

砰！她只用了一個星期就找到要害，瑪奎立陷入了反應模式裡。它根據客戶要求或合約來排序大型專案優先順序，它不是策略性思考如何發展產品。

幸運的是，瑪奎立的領導團隊贊同且有相同想法，因此他們可以成為一個更強大的組織。CEO 克里斯對我說：「我們想領導這個市場，我們不想成為追趕者。」他最初認為問題出在開發團隊身上，「他們的速度不夠快，他們的螺絲鬆了。」克里斯是目標和關鍵結果（OKR）的忠實擁護者，並已在整個公司中實踐，但它們非常產出導向而不是成果導向。「發送新老師平台的第一個版本」是一個目標被描述的方式，而「2018 年 6 月交付」被認為是一個關鍵結果。這兩者沒有連結到任何成果 —— 不管是企業或使用者端。

我們反思了公司當前的策略流程，以及它如何到達這些目標。當公司在 11 月開始其計劃會議時，每個人都要提出要建購的功能清單，然後將其分發給產品經理。然後，產品經理負責與開發相關人員估算完成這些功能所需的時間。在將這些估算報告給領導團隊之後，他們將接著規劃預算並組織產品地圖。

在領導層級也設定了目標，他們有承諾投資者一個收益目標，基於進入這個企業市場。設置有使用指標來衡量人們是否持續使用其網站。該組織的每個部門都在衡量某些事。然而在過去幾年，該公司沒有達成其目標，收益目標未能實現，團隊無法交付某些承諾過的功能。發生了什麼事？

該公司沒有正確地展開和創建策略。跡象就在那裡 —— 即珍在她的第一個禮拜掌握到的東西。領導團隊會對工作進行排序，根據他們認為對的去建構，而不是根據客戶的回饋。它對最大聲嚷嚷的客戶

做出回應，而不是評估這些請求是否符合策略性目標。公司的士氣低落，而且也因為這樣，員工沒有生產力。

因此，公司決定要改變。它決定創造和展開一個能運用現代產品管理方法的策略。

一個好的公司策略應由兩部分組成：營運框架，即如何保持公司日常活動進行；及策略性框架，即公司如何透過市場上產品和服務開發實現願景。許多公司將這兩個框架混為一談，並將其視為同一個或一樣的東西。雖然兩者都很重要，但對的策略性框架是開發出色產品和服務所不可或缺的。這就是我們在接下來幾章要討論的內容，因為它直接影響了產品管理。

策略性框架使公司的策略和願景能與團隊開發的產品保持一致。有一個與策略性框架一致的強大公司願景和產品願景，幫助公司避免在計劃和執行中盲目打轉。那些每年忙於制定新願景和策略的公司經常對短期考慮過多，但對未來規劃卻不足。

也許你認得這個模式，每年都是同樣的故事：在 11 月，該公司進入慌亂狀態，忙得像無頭蒼蠅一樣，試圖預測明年的未來。收益、對股東的承諾和預算都已確定，長長的待建構功能清單堆疊成詳細的甘特圖。然後 1 月 1 日到來，他們開始工作，他們做這些事情一年，達成最後期限，然後停止並採用他們的下一個策略。一年又一年地重複，你沒有餘裕進行長期專案或策略。

將預算、策略和產品開發與會計年度時間週期綁在一起，只會造成缺乏重點和接續行動。相反地，公司應該不斷評估自己所處的位置和需要在哪裡採取行動，然後資助這些決策。

想一想你所做的工作中，很大一部分實際上是賭注。Spotify 的前顧問 Henrik Kniberg 說，這就是 Spotify 思考的方式[1]。該公司的營運使用一種 DIBBs 的方法，DIBBs 代表著資料（Data）、見解（Insights）、信念（Beliefs）和賭注（Bets）。前三項的資料、見解、信念，告訴你一個很了不起的東西稱為賭注。將提案想成賭注的概念很有用，因為它建立了不同的期望。

Spotify 藉沒有從高層角度下達要建構什麼的命令，來保持創新。管理者們給予員工去參加駭客松和去執行其想法的自由度，他們建立了一個可以嘗試新事物和失敗的安全環境。高層管理者願意接受客戶欲求的不確定性，且透過這樣做，他們創建了一個樂意接受實驗和創新且能快速糾正路線（當有需要時）的工作環境。

當組織中的策略溝通良好時，產品開發和管理就會同步。公司策略告知了產品開發團隊的活動，而對產品工作的執行和產生的資料，則告知了公司方向。這應該是整個組織中的一個週期性過程，資訊在其中進行向上、向下和橫跨的溝通，以確保一致性和理解。

策略展開

策略是貫穿整個組織訴說的相互連結的故事，其說明了目標和成果，在訂定的時間範圍。我們稱這個溝通和一致於敘事的行為，為策略展開。

顧問公司 PraxisFlow 的創始人 Jabe Bloom，與大型組織的執行長層一起創建和展開策略。他說明了為什麼我們應該把不同層級的策略想成在不同時間範圍的故事：

5　Henrik Kniberg, "Spotify Rhythm," talk at Agile Sverige, June 2016. http://bit.ly/2qhTPL9.

在組織的不同層級，我們講不同時間範圍（時間跨度）的故事，其關於我們的工作以及我們為什麼做它。為了使人們能夠根據自己聽到的故事行動，故事的時距不能與他們慣常的時距不一樣。敏捷團隊很擅長講兩到四星期的故事。這就是他們每天在處理的事情。當你往組織上層時，你會講更長時距的故事。執行長們真的很擅長講述五年的故事，但是當團隊習慣用兩到四個星期在思考時，他們就難以依五年的故事去行動。有太多東西要去探索。

策略展開是關於在整個組織中設定對的目標和目的層級，以縮小做事範圍，使團隊能夠採取行動。因此，當執行長層可能在看五年策略時，中層管理在想的是較短的策略 —— 每年或每季，綁定團隊在一個方向上，使他們能做出每月或每週的決策。

如果不給團隊足夠的限制，他們就會陷入困境。如 Bloom 所述：

> 不受限制的團隊是組織中最恐懼、最害怕採取行動的，他們覺得自己無法做出決定，因為有太多選項了。受到適當限制的團隊，即那些有為他們設定方向並在對的層級的團隊，對做決定感覺安全，因為他們可以看到自己的故事如何與組織目標和結構保持一致。

層級不對的方向會使我們陷入建構陷阱。團隊獲得的指示通常過於規範或過於籠統，執行長層過於深入細節，運用權威管理且不允許自主。或團隊被給予太多自由，就像 Bloom 提到的那樣，使他們無法採取行動。這就是為什麼從產品開發的角度來看的話，策略展開是關鍵。

在整個組織策略展開的例子很多。OKR 是 Google 使用的一種策略展開，方針管理是 Toyota 公司使用的策略展開方法，甚至軍方也使用任務指揮來將策略展開。所有這些都基於相同的前提 —— 為組織的每個層級設置方向，以便他們可以採取行動。選擇對的框架對組織很重要，但了解什麼才能組成一個好的策略框架更為重要。

在大多數產品組織中，策略展開應有四個主要層級（參見圖 12-1）：

- 願景

- 策略性意圖

- 產品提案

- 選項

策略展開

願景	我們想要在 5-10 年後想變成怎樣？ 給客戶的價值、市場的定位、 我們的業務長怎樣	CEO/ 高階領導層
策略意圖	什麼業務**挑戰** 阻礙了我們達成願景？	高階領導層 業務主管
產品提案	從產品觀點什麼是 我們可以去處理挑戰的**問題**？	產品領導團隊
選項	什麼是我可以處理這些問題 以達成目標的不同**方法**？	產品開發團隊

圖 **12-1**　策略展開層級

前兩個是公司層級，而後兩個則針對公司的產品或服務。但是，策略展開和策略創建是兩回事。要進行大量工作來定義每一個應該是什麼，跨產品線和團隊調和它們，然後向上和向下溝通以取得贊同。

策略創建

策略創建是找出公司要往哪個方向行動、以及發展出人員做決策的框架的流程。策略在每個層級都被創建出來，然後在整個組織展開。

如果你還沒有制定好策略，那麼我想強調一下，這不是一天或一週的過程。我看過很多公司試圖在一天或一週內要制定出策略，但失敗了。策略是需要花時間和精力來雕琢和維護的。你需要在每個策略層級識別問題並決定如何組織以解決它們。如果你是執行長層的一員，那麼把這件事做對應該是你的當務之急，否則你將安排你成千上百的員工走向失敗。

策略是關於你如何帶領組織從當前處境到實現願景。對於要創建的策略，你必須首先了解願景或你想去的地方，然後才能識別出阻礙你到達那裡的問題或障礙，並做實驗以處理它們。我們反覆這樣做，直到願景實現。

這是 Toyota 公司實施的持續改善框架的基礎，稱為「改善形（improvement Kata）」，其幫助訂出策略。改善形教導公司員工如何有策略性地解決問題以達成目標。Mike Rother 在他的《Toyota Kata》一書中寫下該過程是如何運作的，摘錄部分於圖 12-2。

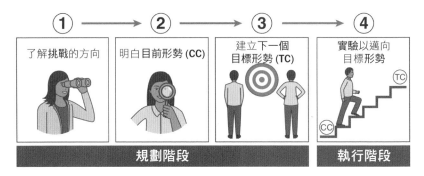

圖 **12-2** Mike Rother 撰寫的《Toyota Kata Practice Guide》中的「改善形的四個步驟」(經 Mike Rother 許可轉載)

在計劃 - 執行 - 確認 - 行動(PDCA)週期中的第 4 步,團隊進行且系統性地識別出達成目標形勢的障礙,規劃如何解決它,然後進行實驗以了解計劃是否有用。然後,他們反思進度(確認),並在下一輪採取相應行動。

在產品開發上,你可以利用相同的方法,但是需要依據你的處境客製它。我稱此為「產品形」,如圖 12-3 所示。

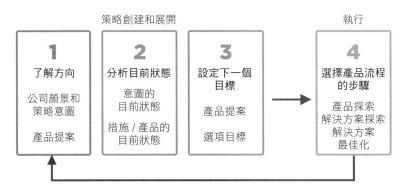

圖 **12-3** 「產品形」,由本書作者提出

為了解方向，你要根據你開始的層級，來查看願景、策略性意圖、或產品提案。當前狀態與你所處有關、與你的願景有關。它還反映了成果的當前狀態，包括這些成果的當前度量。

選項目標是團隊的下一階目標。這些是你需要達成的成果，以使你朝向你的提案或意圖取得進展。然後，你執行你的產品流程，對系統性問題處理進行實驗以達成你的目標。在第 IV 部分中，我們將更深入地探討產品管理流程。

透過這種探索和識別問題的行動，你將發現所需的資料，其有助於告知策略和願景。願景並非僅由管理層自上而下設定。整個組織都應該分享資訊，當他們得知什麼將達成目標時，並幫助告知策略。Bloom 將此稱為資訊物理（Information Physics）：

> 我從執行長層那裡聽到的最大問題之一是，他們沒有決策所需的數據資料。人們要求他們創建願景，但他們無法持續使資訊浮現，以幫助告知策略性決策的方式，使組織得以達成願景。團隊應該在那裡，進行分析、測試和學習，然後將他們發現的東西向其同儕和管理團隊溝通。這就是我們設定策略的方式。

這個由上至下、及在整個組織去溝通資料和方向的過程，就是我們如何維持一致性的方式。但這需要先從公司層級開始。

13

公司層級的願景和
策略性意圖

公司願景

公司願景是策略架構中的核心。它設定了方向,並為接下來的所有
事物提供了意義。擁有強大的公司願景會給你一個關於思考你產品
的框架。

Amazon 是一家具有優秀願景和策略的公司的例子,其願景和策略都
對其產品很有用。Amazon 在其網站上指出,其公司願景是「成為地
球上最以客戶為中心的公司,讓客戶可以在這裡找到並發現任何他
們可能想在網路上購買的商品,並致力為其客戶提供盡可能低的價
格。」

該公司由許多不同的產品線組成,從 Prime Video 服務到 Fulfillment
by Amazon(FBA)。透過為購物者創造更好的體驗,Amazon 的每一
種產品都在幫助自己實現整體願景。透過關注整體願景,那些進行

測試、開發和發展這些不同產品的產品人員可以針對關於他們應該和不應該追求什麼，做出有效的決定。

如果你是像 Roku 這樣單一產品的公司，那麼這很容易，因為你的公司願景與你的產品願景，就算不完全相同，也會非常相似。如果你是一家大型公司，例如美國銀行，它將變得複雜。策略需要從公司層級開始，遍及業務線，最終達到產品。在這類型的公司中，產品只是公司願景如何體現的細節。它們是價值（你賣給客戶的東西）的載體，同時又收到某種形式的價值作為回報。在這裡，公司願景就是一種包裝，給予所有你提供的產品和服務意義。

現在你可能會想，「公司的使命與願景之間有什麼差異？」一個好的使命說明了公司為什麼存在。而另一方面，願景則說明了公司根據使命要往哪發展。我發現，公司最好能將使命和願景結合在一個聲明裡，來成為公司的價值主張，即公司做什麼、為什麼要做這些，以及如何藉做這些而成功。以下是一些很棒的願景聲明的例子：

> 以革命性價格提供設計師眼鏡，同時成為社會意識企業的先行者。
>
> — **WARBY PARKER**

> 在美國銀行，我們以共同的目標為指導，幫助成就更好的財務生活，透過連結客戶和社群與其所需的資源使其成功。
>
> —美國銀行

> 成為最佳的全球娛樂發行服務，在全世界授權娛樂內容，創建電影工作者可進入的市場，並幫助世界各地的內容創作者尋找全球觀眾。
>
> — **NETFLIX**

所有這些願景聲明都說明了公司的焦點。它們簡短、好記且表達清晰，也不包含那些美化冗餘的用語。

許多公司創建的願景聲明都類似於「成為線上相片儲存的市場領導者」。雖然這是一件值得努力的好事，但它使公司的其他成員都在問如何做和為什麼做，太廣泛了。我不想在此過多地說明如何寫願景聲明，但是你確實需要讓公司聚焦在你想要集中精力的地方。

以 Netflix 為例，雖然它表示希望成為最好的全球娛樂發行服務，但它聚焦說明了公司如何計劃做到 —— 藉在全球各地授權內容、創建可進入的市場並幫助內容創作者。想要成為最好的或市場領導者是可以的，但是你需要提供一些有關如何做的情境說明。

如果你的願景已經混沌了一段時間，則你需要的不僅是願景聲明。公司領導者需要花時間溝通他們的願景、說明他們的選項，並描繪出即將到來的事物。這並不代表你需要細述願景聲明的字字句句，這只是代表你必須說一個故事。說完這個故事後，你可以透過簡單的願景聲明來提醒所有人。

回到瑪奎立，它已經有一個引人注目且說明良好的願景陳述：「我們培育數位行銷專業人士，提供他們以吸引人的方式設計出的、具廣泛主題的高品質訓練課程，從而在短時間內能最大化學習。」

它說明了公司存在的原因，以及為達到該目的需要做什麼。瑪奎立的執行長團隊做了出色的工作，雕琢出願景聲明以使團隊定錨。雖然願景很明確，但困難的部分是將其連接回公司的營運上。這就是公司領導者必須明確說明策略性意圖之處。這些簡短、精確、成果導向的目標，使公司專注於如何實現願景。

策略性意圖

雖然願景應該在一段長時間內保持不變,但是隨著公司的成長和發展,你打算如何實現該願景的方式也會跟著改變。策略性意圖溝通了公司當前關注的重點領域,有助於實現願景。策略性意圖通常需要一段時間才能達成,大概一到數年的時間。

策略性意圖始終與業務當前的狀態保持一致。在決定這些意圖是什麼時,公司的執行長層應該問:「根據我們現在所處的狀況,為了實現我們的願景,我們能做的最重要的事情是什麼?」不應有一長串的欲望或目標清單 —— 為實現巨大的飛躍,只有少數關鍵事情需要發生。將策略性意圖清單保持簡短將可使大家聚焦。

就像許多公司一樣,這就是瑪奎立艱難之處。每年,它會進行一個年度計劃週期,去討論公司來年想要做的事情。這通常是資深領導層才能參與的會議,像是副總們或其他資深主管。在會議上,與會者將提出產品功能清單。例如,去年的清單是:可以與其他人共享課程、推薦碼、一種新的測驗方式,以及整個網站的排行榜。這些想法通常由資深領導團隊提出,然後傳達給負責執行的產品團隊。

雖然這些不是不好的想法,但這些解決方案是在功能層級,遠遠低於執行長層應該關注的層級。與其指派這些解決方案給團隊,領導層更應該聚焦在創建策略性意圖上。這方法可以使產品層級的決策與業務目標保持一致,並且將幫助公司向著同一個方向堅定前進。而不是讓自己像抹花生醬一樣 —— 把自己薄薄地抹在各工作領域,而不是推動大家朝一個方向前進。

我與瑪奎立領導者們進行了一次策略討論,以使他們一致於真正想去的地方。要了解如何設定我們的策略性意圖,我們必須先了解企

業價值真正的意義是什麼。企業和產品顧問及延遲成本專家 Joshua Arnold，使用了一個很好的模型來思考企業價值[1]，如圖 13-1 所示。

圖 13-1 Joshua Arnold 提出的思考價值的框架（經 Joshua Arnold 許可轉載，©2002）

當組織規劃其策略性意圖時，他們應該思考組織的每個部分如何為實現這些目標做出貢獻。對於成長中的公司而言，增加收益將是這裡最重要的部分；但是對於大型企業，你應該評估整個公司各領域的提案。

瑪奎立專注於增加收益，它的策略性意圖大多落在這一類，因為它們必須在接下來的幾年中從 5,000 萬美元收入迅速增長到 1.5 億美元，才能進行 IPO，這就是他的投資者想尋求的那種回報。公司分析了當前的業務，以及聚焦組織在收益成長領域上它們還能獲利多少。

1　http://bit.ly/2OONGoC

瑪奎立了解到，為了將其收益增加到所需的金額，它應該專注於擴大高端市場，銷售給目前僅佔其收入一小部分的大型公司（企業）。這將使瑪奎立可以批量銷售授權，從而產生更多的收入並提高保留率，因為已經使用瑪奎立產品的少數企業，傾向每年更新授權。該公司還了解到，要實現其收益目標，還需要增加從個人用戶來的收入。當時，它的獲取率還不佳。管理層將這些作為公司的兩個策略性意圖，並根據它們制定了適當的收益目標，如表 13-1 所示。

表 13-1　瑪奎立的策略性意圖

意圖	目標
擴展企業端業務	在三年內將收益從目前的每年 500 萬美元增加到每年 6,000 萬美元。
從個人用戶上收益成長翻倍	個人用戶的收益年增率 15％成長到年增率 30％。

讓策略性意圖在對的層級和數量非常重要。正如瑪奎立以前那樣，如果有太多更高層級目標，你又回到了抹花生醬的時代。我曾經看到一家有 5,000 名員工的公司擁有 80 個策略性意圖。即便他們有 5,000 名員工，但每季只能發布一項功能，因為每個人注意力都非常分散，忙於處理過多事情。一個意圖通常對小公司來說就夠好，而大型組織通常三個意圖就夠多。是的，三個。我知道這對有上千人的組織來說，聽起來似乎目標太少，但這就是關鍵。這也是層級和時間範圍之所以重要所在。

策略性意圖應在高層級且業務聚焦的，他們是關於進入新市場、創造新收益來源，或在某些領域倍增。回想一下本節開頭 Netflix 的例子。Netflix 有一個明確的策略性意圖：「引領串流市場。」公司所有的決策，從使用連網裝置到聚焦為使用者創造更多內容，都有助於

實現這目標，它把他們推向對的方向。實現這一目標後，Netflix 改變了路線來維持自己的地位，透過創作自己的內容 —— 這又是另一個策略性意圖。這些目標都不小。他們需要一大群人來執行，從產品開發到行銷再到內容創作，這才是重點。策略性意圖與整個公司有關，而不僅僅是產品解決方案。

瑪奎立對實現目標要完成的兩件大事達成了一致，如圖 13-2 所示。

瑪奎立　　　　　　　**意圖深入探討**

策略性意圖

從個人用戶上收益成長翻倍

個人用戶的收益年增率 15% 成長到年增率 30%。

產品提案

我們相信，透過增加我們網站上關鍵關注領域的內容量，我們可以獲取更多的個人使用者並保留現有使用者，繼而從個人使用者上每月潛在收益增加 2,655,000 美元。

我們相信，透過為學生提供一種向潛在或現有雇主證明其技能的方式，我們能增加獲取，繼而使每月收益增加 1,500,000 美元。

圖 13-2　策略性意圖和產品提案

瑪奎立投入工作，並在為期兩個月的過程後定出了策略性意圖，期間執行長團隊每兩週回首確認一次。然後，問題就變成整個公司如何依據這些意圖團結並達成它。且從產品開發的角度來看，他們如何排序工作以成功呢？這就是產品提案要被定義並與產品願景達成一致之處。

14

產品願景和產品組合

產品提案將企業目標轉譯成我們產品將能解決的問題。產品提案回答了如何做。我要如何透過優化或建構新的產品來實現這些企業目標?

以 Netfilx 來說,要真正讓串流起飛,所需要做的最重要事情就是使人們能夠在任何裝置、任何地方觀看 Netflix。想想看,在當時,如果你下載某些東西,你就只能在筆電上看。當時沒有連接網路的裝置,且沒有人想要一直在很小的筆電螢幕上看電視。原因其一,基本上沒有人可以和你一起觀看。其次,13 英寸的螢幕很難有電影般的體驗。

Netflix 創建了一個產品提案來為使用者處理此問題。用使用者故事的形式,我們會得到:「作為 Netflix 訂閱戶,我希望能夠在任何地方、跟任何人一起都可以舒適地觀看 Netflix。」這是公司的產品提案,然後它探索了許多可能的解決方案 —— 開發 Roku、與 Xbox 合作並為其創建 app,而最終使所有可能的連網裝置都可啟用。所有這些解決方案(我稱為選項)都與該產品提案保持一致。

選項是你的賭注，同 Spotify 所稱呼的。它們代表了可能解決方案，團隊將探索以解決產品提案。現在，根據最佳實務或先前工作，有時候解決方案將日益明確或容易了解，但有時候你將需要進行實驗去找到解決方案。

產品提案為產品團隊設定了方向以探索選項，它們將公司的目標連結回我們可為使用者或客戶解決的問題上。產品經理則負責確保產品提案和選項，與現有產品或產品組合的願景一致。有時，你甚至可能最終會創建新產品來為使用者解決這些問題。產品願景和產品組合願景使你能夠始終定錨在你想探索的問題和解決方案上。

產品願景

在過去兩年，我曾遇過十幾家在產品願景的一致上有困難的公司。他們已做了好幾年的產品，且達到不能再大的規模。它們都具有相同的問題：太多產品但沒有一致願景。它們所建構的一次性產品得以滿足個別客戶要求，但它們未能滿足更廣泛的受眾。或者，它們所建構的產品有助於它們進入新市場，但沒有弄清楚這些新產品如何與現有產品調和。這些公司中許多都取得了不可置信的成功（它們的年收入超過 10 億美元），但是他們被太多人、太少方向、沒有整體性方法所困擾，這使其難以保持增長。

雖然擁有一個策略通常可以幫助這些公司一致並聚焦其工作，但它也揭示了一個更大的問題：缺乏整體產品願景。儘管擁有多種功能和方式來提供價值是一件好事，但我們還是需要某些東西從上面將全部連結在一起。

產品願景說明了你為什麼要建構某東西，以及對客戶的價值主張是什麼。Amazon 在這點上做得很好，它們為每個產品願景都建立了所謂的新聞稿文件。這些簡短的介紹（通常是一兩頁），描述了使用者面臨的問題，以及解決方案如何讓使用者能解決其問題。

產品願景來自為使用者解決問題的實驗。在你驗證該解決方案是對的之後，你就能將其發展為一個可擴增的、可維護的產品。但是你需要注意不要使產品願景太過於精確，它不能描述每個功能，但應包括更多主要性能（它能為使用者做什麼）。如果你規定太多，則可能會掐住你發展產品的方法以及之後你可能新增加的東西。

在瑪奎立，該公司正在為其產品制定產品願景。他們在平台上已經有很多學生，且這個平台正開始成形。方向已驗證過，但該公司需要將其所做過的工作凝聚成一個一致性陳述。珍帶領他們寫下了這一願景：

> 我們幫助行銷專業人士提升其技能，藉由讓他們了解他們當前能力，輕易找到最相關的課程以進階到下一個階段，然後以最有趣和最易吸收的方式，向行銷領域世界級老師學習他們所需的技能。

這個簡單陳述描述了使用者正嘗試解決的問題，及其讓使用者能解決他們問題的能力。它不涉及功能的具體細節，而是更關注在對使用者很重要的品質上：易於使用、相關性和吸引力。你可以開始描繪此產品現在如何運作、所需和組成。它有一個評量，可以告訴使用者要參加哪些課程，還有一個上課後去了解使用者技能是否進步的方式。這是一個很好的起點，幫助公司組織其團隊並了解範圍。

產品副總通常是負責產品願景的人，但他們可能不是第一個設定它的人。正如我所說，產品是從實驗誕生的，因此通常由一個較小團隊負責決定該產品的樣子。隨著產品變得越來越完整健全，你將依據它建立一個團隊來發展它，但是產品副總應確保每個人都對這整體願景保持一致。

在擁有一個產品的公司中，產品提案描述了公司所優先考慮的主要使用者問題。它們需要在產品提案和策略性意圖兩者上保持一致。產品副總與他們下面的產品經理一起決定要解決的對的問題，以達成這兩者。有時應該解決的問題與產品願景沒有直接關係，這裡就是公司將決定引入新產品並創建一個產品組合的地方。

產品組合

具有多個產品的公司通常將其所有產品包裝在所謂的產品組合下。非常大型的公司擁有多個產品組合，所有都與它們提供給客戶的價值一致。例如，Adobe 有一個 Adobe Creative Cloud 的產品組合，其中包含 Photoshop、Illustrator 和 InDesign 等應用程式。它還有用於下一代應用程式的另一個產品組合，其中包含更新的創意工具，例如用於快速原型製作的工具。

CPO 負責設定方向和管理產品組合。擁有一個關於你的產品或服務如何幫助你公司在短期或長期內實現願景的理念是關鍵。為了實現願景，CPO 要為他們的團隊回答以下問題：

- 我們所有的產品如何運作為一個系統，以提供價值給客戶？

- 每個產品線提供什麼獨特價值，使它成為難以抗拒的系統？

- 在決定新產品解決方案時，我們應考慮什麼整體價值和指導方針？

- 如果它無法對此願景有用，我們應該停止做或建立什麼？

產品提案源於產品組合中需要完成的工作，以實現策略性意圖並促進個別產品願景。這也是你想確保你有權衡團隊工作與公司方向之處。CPO 要負責弄清楚如何在框架中平衡這些工作領域。

對於產品組合，你需要查看所有需要完成的工作以平衡你的投資，你也需要查看人員數量和投入各個領域的生產力以實現全面成功。這種方法也有助於為創新騰出時間 —— 領導者總是抱怨他們沒有時間進行創新。通常，這是由於生產力計劃和策略制定不力所致。

你不是沒有時間進行創新；而是你沒有花時間進行創新。要找到這個餘裕，你需要對一些事情說不。我們都被工作拖住，總是有各種你應該要做的事情，才能在明天有個好結果。如果你想創新，那麼你真的需要投入團隊，並在你的投資組合中留出餘裕，以確保所有這一切都發生。

Amazon 是將創新融入其產品組合之王。它在秘密實驗室組建了團隊，而這些團隊花費數年時間找出擴展公司業務的方法。Amazon Echo 就是從這樣的提案中誕生的 —— 該公司投入一整個團隊，去探索語音控制如何幫助人們買更多東西。產品團隊花了五年多的時間探索[1]、定義和完善 Echo 和 Alexa 語音控制，然後推出後大獲成功。Amazon 在產品提案中留出它需要的時間和空間，去追尋和探索如何進入這個新市場。

1　Eugene Kim, "The inside story of how Amazon created Echo, the next billion-dollar business no one saw coming," Business Insider. https://read.bi/2Sk8OBa.

第 IV 部分

產品管理流程

角色
策略
流程
組織

最好的解決方案要連結到使用者想要解決的真正問題。產品經理使用一個流程來識別團隊可以解決哪些問題,以推進業務並實現策略。產品經理可以依靠產品形來幫助他們發展對的實驗思維,去愛上問題而不是解決方案。他們繼續進行迭代直到達成成果。

「也許我們只需要提供一個免費帳號版本，人們就可以在購買前試用它。」

「不，我認為我們需要提供大型折扣，且我們可以讓人們去註冊幾個月。」

「事實上，這只是我們網站上老師品質的問題。如果我們有更有名的老師，我們將能招收更多學生。」

我們在瑪奎立進行了關於什麼可能會帶動更多來自個人使用者的收益的激烈討論。該團隊的策略性意圖是從使用者身上增加收益。每個人都有一個想法，其中許多都很有趣。每個想法都可能是解決特定問題的對的解決方案──除非我們不了解問題是什麼。我們在哪裡遇到問題？我們如何才能驅動更多收益？這些是我們需要了解更多的。

「等等！」我插話了。「讓我們都退後一步思考，展開我們所知道的。我們的目標是從個別使用者身上增加收益。根據我們從產品指標中所知道的東西，我可以想到三種方法來做到這一點。你們覺得是什麼？」

產品經理莫妮卡接話說。「好吧，我們可以獲取新使用者。這將增加收益。」

「完全正確！」我說。「還有什麼？還有兩個選項。」

另一位產品經理克莉絲塔猶豫地說。「我們可能可以更好地留住現有使用者，我們過去六個月的保留率只有 40％。」

「答對了。留住人們將增加每人終生價值。還有一個。」

「我們可以從現有使用者創造新收益流，試著找到某些可以推銷的東西。」我們的學生體驗產品副總喬說道。

這就是我們的三個選項：

* 獲取更多的個人使用者。

* 保留現有的個人使用者更好。

* 從現有的個人使用者創造新的收益流。

「因此，我們必須弄清楚每個選項的問題和機會在哪裡。」我說。「對於獲取和保留，讓我們深入研究已有的資料和回饋，並試著診斷是否哪裡存在任何問題。對於新的收益流，讓我們討論可能的想法。」

該團隊著手找出資料，分為兩組。一個團隊分析獲取漏斗，查看使用者從進入網站到註冊為止所採取的每個步驟。團隊發現，從進入網站到實際註冊並付費的轉換率非常低。

「我們看到我們在行銷上做得很好，但是即使已經有了折扣，他們也沒有註冊。我們如何找出是什麼阻止了他們？我們沒有他們的任何資訊。」莫妮卡說。

「你聽說過一個叫 Qualaroo 的工具嗎？」主任開發人員里奇問。「它可以讓我們在人們按回上一頁按鈕或試圖離開頁面時對其進行調查。我們可以問他們是什麼阻止了他們進行註冊。我可以在大約 10 分鐘內輕鬆地把它加到網站上。」

「這真是太棒了，」莫妮卡說。「讓我們放上去，看看我們會得到什麼。」

團隊將 Qualaroo widget 放入其網站，在一週內，它收到一百多個回覆。

「這真是太好了，我們得到好多！」莫妮卡說。「而且沒有人是因為免費試用完就離開的！」結果約有 55％的人說他們離開網站，是因為他們找不到足夠的新型態的行銷課程，像是社群媒體。另外 25％的人表示，他們正尋找可以幫助他們轉職進入行銷領域的東西，但沒有看到這些課程如何證明他們已掌握什麼技能。

莫妮卡說：「我們在他們註冊之初進行了評量，但我們從未對其進行重新評量以展現他們已經精通了那些技能。」而其餘 20％的回覆包含各種主題，但沒有太重大的。「我認為我們發現了兩個大問題。」

另一個團隊也很努力地研究保留率。克莉絲塔曾說：「六個月後，我們發現只有 40％的人留下來。」「我們跟進了 100 位最近離開的人，並問他們為什麼離開，其中 90％的人說他們已看完對他們來說有趣的內容，他們參加了大約 10 堂我們的課程，但是他們發現在新型態行銷方面的課程不足，上面都是他們在任何地方都可以學到的舊標準知識，有時甚至可以在 YouTube 上免費看。」

現在，我們有兩組人（分別研究現有使用者和新使用者）都遇到相同的問題。他們沒有在網站上找到他們想要的課程，也沒有足夠的東西說服他們停留超過六個月。

「我們知道我們需要更多的內容，但是我們如何做到呢？」凱倫問。「我們是否有對的老師可以做這些內容，還是我們需要找其他老師？我們的老師要產出多少內容？」她擔心老師端的業務，並決定讓克莉絲塔進行調查。

克莉絲塔調查接觸後，發現老師在建立課程上遇到困難。他們中的大多數人只建立了一個，然而有一半以上目前的老師想要建立新課程卻無法做到。老師的問題有兩個：平台很難使用，且他們不確定學生想要什麼。其中一位老師說：「如果我知道他們對社群媒體感興趣，那我會從那裡開始。」選項和產品提案開始浮現，團隊開始將它們放到一起。

瑪奎立的產品提案

提案 1

我們相信，透過增加我們網站上關鍵關注領域的內容量，我們可以獲取更多的個人使用者並保留現有使用者，繼而從個人使用者上每月潛在收益增加 2,655,000 美元。

要去探索的選項

- 讓老師更輕易、更快地建立課程

- 針對學生感興趣的領域，提供給老師回饋

- 擴大接觸能在關注領域建立課程的新老師

提案 2

我們相信，透過為學生提供一種向潛在或現有雇主證明其技能的方式，我們能增加獲取，繼而使每月收益增加 1,500,000 美元。

要去探索的選項

- 持續性評量，使學生能夠不斷參加測驗以證明技能

- 結業和能力證書

然後，團隊將這些想法提給珍核准，當她同意進行後，他們分別開始進行有關如何實現這些目標的實驗。

本部分全都關於發掘對的建構事物的流程。通常，當我們想到流程時，我們更聚焦在開發軟體的行動上，而不是聚焦在建構對的軟體要做的事上 —— 這就是建構陷阱。如果你要跳脫困境，就要透過理解和應用問題解決和實驗技巧，像瑪奎立的團隊所做的這樣，去找到什麼是應該聚焦的東西。這就是產品管理流程，而一切從「產品形」開始。

15

產品「形」

如前所討論，及如圖 15-1 所示，產品形是我們發現對的要建構的
解決方案的流程。這是一個系統性方法，教導產品經理從問題解決
立場去處理產品建構。產品形幫助產品人員形成極其有影響力的習
慣。一遍又一遍地做，就像一套武術拳法一樣，在你的腦海種下這
個流程。經過一段時間的練習，這種思維模式成為習慣。

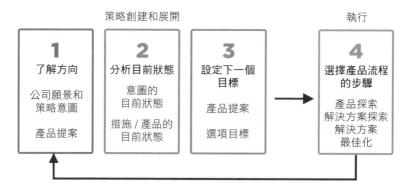

產品形

一個科學性、系統性方法去建構更好的產品，
由 Melissa Perri 提出

策略創建和展開　　　　　　　　　　執行

1	**2**	**3**	**4**
了解方向	分析目前狀態	設定下一個目標	選擇產品流程的步驟
公司願景和策略意圖	意圖的目前狀態	產品提案	產品探索
產品提案	措施 / 產品的目前狀態	選項目標	解決方案探索
			解決方案最佳化

圖 **15-1**　「產品形」，由本書作者提出

115

我們進行以下步驟來發掘產品提案和選項。

第一項任務是產品提案。為做到這個，你需要了解策略性意圖，評估該策略性意圖的當前狀態，與你的產品可在何處提供幫助的關係，並決定什麼問題是你可以解決以推進該策略性意圖。這是瑪奎立在研究和分析過程中所做的，得到的產品提案是關於增加內容並建立更可靠的評量。

可能有很多選項都可以幫助達成產品提案，正如我們在瑪奎立例子中看到的三個選項一樣，其必須進一步產出更多內容。採取這些之一或全部，能使我們達成提案的成功成果，這很好。為了確定我們是否更接近於實現我們的產品提案，我們需要將成功指標拆解為某些可以在較短時距衡量的東西。我們稱此為團隊目標，而這就是我們衡量該選項成功與否的方式。雖然要達到產品提案目標，可能需要六個月或更長時間，但是團隊目標應該是某些我們在每次發行後都可以衡量的東西，其提供回饋來讓我們知道這些選項是否按照我們希望的方式運作。我們設定團隊目標的流程與產品提案所做的相同。

情境很重要

自從精實創業（Lean Startup）出現以後，在許多軟體公司中，實驗一直是一個熱門議題。我看到團隊很快地跳入實驗，很興奮地開始進行 A／B 測試或試作某些原型。進行任何工作前、退後一步、了解我們所處階段以及在該階段需要什麼是很重要的。這就是產品形提供幫助之處。

在我們設定目標之後，我們就開始一步步進行產品形。我們問自己以下問題：

1. 目標是什麼？

2. 我們現在的位置在哪？與那個目標的關聯是什麼？

3. 阻礙我實現目標的最大問題或障礙是什麼？

4. 我該如何解決這個問題？

5. 我期望發生什麼（假設）？

6. 實際上發生了什麼，我們從中學到什麼？

我們回答第 1 題至第 4 題，以找出如何規劃我們團隊的下一步行動。然後，我們在第 5 題和第 6 題中反思該工作，並決定是否回到一開始以進行下一輪。這些問題帶我們經歷問題探索、解決方案探索、和解決方案優化階段。我們選擇採取的步驟、以及用來執行的工具，將根據我們所處的情況而改變。

了解每個階段很重要，讓我們所做的剛好能使我們達到目標。我在產品管理中見過的最大錯誤之一，是團隊在錯誤的階段急於應用一個工具或實踐。很多時候，當問題仍然未知或當解決方案已經有了一個很好的主意時，實驗是不必要的。

在考量是否要實驗特定解決方案時，我想到我的朋友 Brian Kalma（Zappos 前 UX 主管）告訴我的：「不要花你的時間，進行過度設計和建立獨特、創新的解決方案，為的是非你價值主張核心的事物。如果有人已經用最佳實例解決了該問題，請從中學習、執行他們的解決方案、收集資料以確定在你所處的它是否成功，然後進行迭代。保留你的時間和精力來給那些將完成或破壞你價值主張的事。」

電子商務網站的結帳頁面就是一個很好的例子。如果你不想涉足其他電子商務公司的結帳服務業務，請不要花費你所有時間在這裡。在此特定解決方案上已進行過許多實驗，而你可以直接利用它。我之所以知道，是因為當我還在一家電子商務公司工作時，我對此進行過大量研究。如果可以的話，請從這些已優化過的身上學習，執行他們的最佳實務，然後從那裡稍稍改進。如果那不是個選項，你就有機會去探索相近領域或去繪製出自己的路。

當你要解決的問題是你價值主張的核心時，請退後一步思考，不要急於進入第一個解決方案。運用你獨特的情境，將你與競爭對手區分開。在決定執行某一個解決方案之前，先實驗數個解決方案。

運用這種方法在產品管理上，所有設計和開發工作都是為了實現一個目標而做，這並不代表所有你嘗試的東西都將被發布。但願你沒有發布全部。如果真的發生，此時，你可以做的最好事情是終止不好的想法！功能越少，則越好。這是你減少產品複雜性的方式。否則，你可能會很快看到客戶對功能疲乏。請記住，這關乎品質，而不是數量。專注於產品形、及識別你處於哪個階段和哪些工具可用的所有任務，就是成功產品管理的關鍵。在接下來幾章中，我們將討論如何進行以下每個階段：

1. 了解方向
2. 問題探索
3. 解決方案探索
4. 解決方案優化

16

了解方向並設定成功指標

在瑪奎立，我與產品副總凱倫和喬一起，我們正想找出如何量化他們的產品提案，以便將其呈給珍。

我建議：「現在讓我們回顧一下我們已經有的資料。」「我們目前的保留率和獲取率是多少？」

喬調出團隊在產品提案探索期間收集的資料，「我們目前在六個月後的使用者保留率是 40％，這不太好。」

「不會吧，不只是不太好，因為我們還計劃在未來幾個月內花更多錢來獲取使用者，這意味著如果我們無法保留他們，我們將把錢花光。」凱倫說。

「好，所以我們知道這些數字。現在讓我們看一下我們的問題。我們發現使用者想要更多課程種類。粗略估算一下有多少比例的人想要更多課程種類？」我問他們。

凱倫說：「好吧，我們可以從兩個資料點估算它。我們讓 Qualaroo 在我們的網站上運行了大約一個月，而我們發現在回答 Qualaroo 問題的人中，大約 55％ 的人說他們正在尋找更多的課程種類。現在，該數字是有顯著差異的。因此，這代表我們每月可能潛在有 82,500 名註冊使用者流失。並非所有這些人都會離開，但是解決這個問題的好處很大。」

我說：「那也只是潛在的一部分。」，「讓我們看看那些保留率的數字。」

「我們對最近離開的人進行了調查，其中 90％ 的人說讓他們感興趣的課程不足。我們查看了客戶流失人數，根據這些資料來看，我們每月損失 18 萬美元的收益。不像潛在獲取那麼多，但仍然是一個問題。」喬聳了聳肩。

「現在，我們知道並不是 100％ 每個人都會被保留，而且我們知道有未註冊人員，所以獲取率不會完全達到 100％。但是我們可以開始根據資料去設定獲取和收益目標。因此，讓我們思考一下現實。」我說。「你們認為我們如何受這些數字影響？」

「好吧，如果我們將保留率從 40％ 提高到 70％，我們每月將能獲得 9 萬美元的收入。如果我們將獲取率提高一倍，我們每年可以多獲得 700 萬美元。這使我們一年的總收入超過 800 萬美元，這將使我們非常接近策略性意圖中收益增長 30％ 的目標。」

凱倫寫下提案以向珍報告：

我們相信，透過增加我們網站上關鍵關注領域的內容量，我們可以使獲取率增加一倍，並將現有使用者的保留率提高到 70%，繼而從個人使用者上每年潛在收入增加 800 萬美元。

「我喜歡這個，」珍說。「我們可以看到加入更多內容是有價值的 —— 從回饋可以清楚看到。這個提案使我們往增加個別使用者收入的目標走，我願意投資這個。到目前為止，你們對假設有何想法？」

「我們有兩個想法，」喬回答。「第一個，我們相信我們可以新老師為目標，這些新老師是專門針對學生想要的內容領域的專家。我們將借助行銷團隊來幫助我們接觸可能的老師人選，但是我們會讓一個小型團隊幫老師探索對的內容類型和概況。第二，我們有一個團隊探索導致當前老師無法建立更多課程的原因。我們有很多勝任的老師，但他們都只建立過一門課程。產品經理和 UX 設計師正在研究這些領域，此時他們正要完成下一個版本的發布。」

珍說：「太好了！如果你們有更多方向上的資料，請讓我知道。」「到目前為止，一切看起來都不錯。」珍核准了。喬和凱倫告訴團隊，他們已經獲得核准，可以對該提案的選項進行充分探索。當他們有更明確方向後，他們將更新給珍。

凱倫去找老師體驗的產品經理克莉絲塔，讓她知道核准的新消息，並安排她與團隊一起探索問題。

「我們將運用產品型的步驟，以幫助你成功。因此首先你需要識別出阻礙老師創建更多內容的障礙或客戶問題，讓我們一星期後再聚，看看我們發現什麼。」

克莉絲塔徵求了 UX 設計師和首席工程師的幫助，以進行更深入的研究。她首先講述他們的產品提案，並幫助他們了解如何到達那裡。然後她說明了他們已經知道的事情：

「當我們進行初步研究時，我們發現很多學生都對學習新的行銷方法感興趣。像是運用社群媒體和內容創作來驅動網站流量。因此，僅增加內容是不夠的 —— 我們必須有策略性的做。幾個月以來，我們一直收到老師需要幫助的電子郵件回饋。許多問題都與如何更快地上傳資訊有關，似乎有一個非常不靈活的作業流程。我試圖找出問題有多廣，以便我們可以量化它。我們該做什麼以獲取有多少人遇到此問題的資料？」

UX 設計師麥特表示：「我可以幫我們的老師設置一個帶有文字框的快速開放式調查，並詢問什麼阻礙他們進行第二堂課程。」

「我可以從系統抓出人們開始課程和完成課程的時間。我們有這些事件的時間。」里奇說道。

「太好了！讓我們花一個星期的時間盡可能進行調查。最後，我們可以統整資料，看看這是否是個值得更深入研究的議題。」

團隊開始工作。在下一週初，大家聚在一起討論他們的發現。我去找他們以了解他們所得的結果。

「結果很不好。」麥特說。「我沒有意識到體驗的設計有這麼糟，而且老師們聽起來非常沮喪。即使他們已經有了大部分的內容，他們平均要花一個月時間來完成一門課程。我們缺少許多他們想要的功能，例如純音訊的課程、引入外部內容，以及連結到更多文章。此外，系統錯誤很多。我們在這裡可以做很多事情來改善體驗，且老師們真的很樂意開設更多課程。」

「沒錯，我在資料庫和事件記錄中發現了類似的資訊，」里奇說。「從開始到發布課程，老師平均要花 61 天的時間。而開始建構課程的老師中，超過 75％ 從未發布過課程。我認為克里斯發現的某些問題可能是造成這種情況的原因。」

「嗯，這是很好的資訊，」我說。「現在，想一想改善這種體驗會帶來什麼，將使更多的課程被開設。你們需要識別出你們的領先指標。」

「如果我們處理了這個體驗，我們可以改善一些事情，」克莉絲塔說。「我們可以提高發布課程的比例，且可以增加老師開設第二門課程的數量。」

「太好了，」我說。他們做得很好。「現在，你們必須用這些數字作為基準，然後將它們彙整到一個選項聲明中。」

團隊將資料中的數字彙整在一起，並定義其最初的選項聲明：

> 我們相信，透過使老師更快、更輕易地開設課程，我們可以將發布課程比例提高到 50％，並將第二門課程的開設數量增加到 30％。

克莉絲塔把它回報給凱倫，凱倫說：「你們需要進一步了解這實際包含什麼，但我喜歡這個方向。當你們更深入問題和解決方案的探索時，讓我們重新審視它，並看看在我們建構或甚麼可使這些數字增加上，是否可以增加更多信服力。」

現在，團隊已準備好開始進行問題探索，並更深入地研究是什麼讓老師們感到沮喪。

產品指標

產品指標可以告訴你，你的產品的健全程度，以及最終的，你的企業的健全程度，因為健全的產品有助於企業的整體健康。它們是每個產品經理的命脈。保持產品活力，對於你知道要何時及在何處應採取行動是非常重要的。這就是我們設定方向的方式。

但是，很容易陷入量測錯誤的東西上。通常，團隊致力於量測我們所謂的虛榮指標。在《精實創業》中介紹的這個概念，是關於看起來閃耀又令人印象深刻的目標，因為它們總是較容易被看到。人們很興奮地分享他們的產品上有多少使用者、他們每天有多少頁面瀏覽量，或系統有多少登入量。雖然這些數字可能會讓你在投資者眼中看起來不錯，但它們無法幫助產品團隊或企業做出決策。它們不會導致你改變你的行為或排序。

你可以透過加上時間，輕易地將虛榮指標轉換為可行動指標。你這個月的使用者人數是否比上個月多？你做了什麼不同的事情？請仔細思考如何為你的事實和數字加入情境和含義，考量指標背後的含義以及它們如何幫助告知你決策和所知。

除了虛榮指標，我經常看到產品團隊在量測以輸出為導向的指標，例如已發布功能的數量、完成的故事點數量，或使用者故事數量。儘管這些是好的生產力指標，但它們不是產品指標，它們無法將產品開發結果連結回業務上。因此，我們需要一套指標，幫助我們做好它。

有許多既有的產品框架，可幫助你思考適當的產品目標。我最喜歡的兩個是海盜指標和 HEART 指標。

海盜指標

海盜指標（Pirate Metrics）由 500 Startups 創辦人 Dave McClure 創建，用來討論使用者用你產品的生命週期。把它想成一個漏斗（圖 16-1）：使用者發現你的產品是獲取（*acquisition*）；使用者擁有良好初體驗是啟用（*activation*）；讓使用者回來使用你的產品稱為留存（*retention*）；使用者因為喜歡你的產品而推薦給他人是推薦（*referral*）；最後，使用者因為看到產品的價值而付費是收益（*revenue*）。把上面放在一起你會得到 AARRR —— 海盜指標。了解了嗎？

圖 16-1 海盜指標，由 Dave McClure 提出

啟用和獲取之間的差異，是框架中最難了解的。獲取是指使用者抵達你的網站並註冊，這就是瑪奎立所量測的東西。啟用是指當某人邁出第一步使用你的產品，獲得了好的體驗。對於瑪奎立而言，這便是進行評量，所以他們了解要選擇哪些課程。人們在一開始啟用地很好會導向往下至留存。

並不是每家公司都有相同從使用者身上賺錢的路徑，此路徑適用於具免費增值屬性的消費性產品。如果你是有銷售團隊的 B2B 產品，

則使用者啟用之前就可以產生收入。你可以交換這些順序以匹配你的產品流。

搭配對的漏斗，你可以輕易地計算出每個步驟的轉換率。這將告訴你人們在哪裡容易減少，並讓你採取行動去修整它。了解漏斗每個階段有多少人，也可以讓你把這些群組作為目標，並找出如何將他們移動到漏斗下一個階段。這裡的目標是使人們留存並付費。

雖然海盜指標變得非常流行，但有些人看到了它沒有談及使用者滿意度的缺點。曾在 Google 工作的 Kerry Rodden 創建了 HEART 指標來計算它。

HEART 框架

HEART 指標衡量了幸福（*happiness*）、參與（*engagement*）、採用（*adoption*）、留存（*retention*）和任務成功（*task success*）。這些通常用來談論一個特定產品或功能。在這裡，採用與海盜指標中的啟用類似，因為你是在談論某人第一次使用該產品；留存則與海盜指標中的留存相同。

你使用 HEART 的指標來討論使用者如何與產品互動，幸福是使用者對產品有多滿意的一種度量、參與是使用者多常與產品互動的一種度量，任務成功則衡量了使用者多容易完成產品預期目標的程度。

你可以從 Rodden 的文章「如何為你的產品選擇對的 UX 指標」中了解更多有關 HEART 指標 [1]。

---

1 Kerry Rodden, "How to choose the right UX metrics for your product," Medium. com. http://bit.ly/2D77HAi.

用資料設定方向

如前所述,所有與產品相關的活動最終都會為企業帶來收入或成本,這就是我們將產品指標與業務成果連結的方式。但是,在每個層級的策略、產品提案和選項,都有其指標是很重要的,這樣我們才能判斷我們在過程中是否成功。

無論你用哪個指標,重要的是要有一套指標系統,而不是單用一個指標來引導產品決策。當你只有單一指標焦點時,就很容易操弄它。瑪奎立也很容易掉入這個陷阱。若有一個選項是為了探索增加獲取,則應確保持續關注那些使用者的留存率,及確保其不低於特定標準。我稱系統中兩個相互抵消的指標為相互破壞配對,儘管可以有兩個以上。

但是,這個系統存在一個問題。留存是一個落後指標,不可能即時採取行動,你需要幾個月的時間才能獲得可靠資料來向人們證明。這就是為什麼我們還需要衡量像是啟用、幸福和參與等領先指標的原因。領先指標可以告訴我們是否正在實現像是留存之類的落後指標。要決定留存的領先指標,你可以限定是什麼使人們留存,例如幸福和產品使用率。

通常,根據選項設置的那些成功指標,是我們對提案所預期成果的領先指標,因為選項是較短時距的策略,如上一章所述,成功指標必須與賭注的大小相稱。在你的選項層級進行指標衡量,有助於預防在提案層級時出現驚喜 —— 更冷酷、困難的事實。

為了確保你有足夠的資料去行動,重要的是要運用工具讓量測這些東西變得容易。這是每家公司都應該做的第一件事 —— 執行一個指 標 平 台。Amplitude、Pendo.io、Mixpanel、Intercom 和 Google

Analytics 都是資料平台。其中像是 Intercom 和 Pendo.io 都能實行良好的客戶回饋循環，因為它們提供了聯繫客戶並提出問題的工具。擁有一個指標平台，無論是自己做或是用第三方的，對產品主導型公司是不可或缺的，因為它可以使產品經理有足夠資訊去做出決策。

設定目標時，符合現實很重要。克莉絲塔和凱倫查看了調查結果和產品分析，以幫助估算這些數字可能可以構成什麼有根據的假設。他們還查看了歷史趨勢，並試著在現實中建立其估計。例如，他們知道他們不可能每月獲取超過 80,000 個新使用者，但是，由於有太多的回饋指出缺乏適用內容的問題，因此他們估計可以將現有的獲取率提高一倍。

如果沒有先調查問題，你將無法設置成功指標。這就是為什麼我們首先需要進行問題探索的原因，而我們將在下一章說明對此流程。你設置的成功指標將與你發現的問題，以及為解決它而實施的解決方案有相關。

17

問題探索

克莉絲塔帶領她的團隊運用產品形，開始了他們探索選項的工作。

「我們的選項的目標是什麼？」她問麥特和里奇。

他們回答說：「將課程發行的比例提高到 50％，將老師第二門課程的開設比例提高到 30％。」

「我們現在的狀況如何？」

「我們仍處於起步階段：課程發行的比例僅為 25％，非常糟。 開設第二門課程的比例大概是 10％。我們做得非常好。」他挖苦道。當資料剛出來時，他們都感到有些震驚，而且這感覺仍揮之不去。

「是什麼障礙阻擋了我們？」

「我們不夠了解老師們建立課程時所面臨的問題。」

「我們可以進一步採取什麼步驟來更了解這一點？」

「使用者研究。」麥特說。「我將安排 20 名老師各訪談一個小時，並看著他們創建課程。大概兩週後，應該就有足夠資訊讓我們去識別關鍵痛點。克莉絲塔，你能幫我一起訪談嗎？」

「當然，讓我們分別進行再整合。里奇，你能不能參與幾個，讓我們的理解一致？」

「當然，我這週可以參加其中的一半，我會排出時間。」

在那些訪談中發現老師們很焦慮，但都是有根據的。團隊與大多數使用者視訊訪談，並讓他們分享其螢幕畫面。有一些還沒有推出課程的老師，向他們展示他們被卡住的地方。訪談後，他們整合了資料並重聚。

「哇，這個老師入口網頁的設計，我本來就知道不好，但比我想的還要糟糕。」麥特說。「原本的設計師把它弄得像是開發人員設計的一樣。」 麥特是剛在一個月前加入公司的新進人員。

「好吧，是這樣沒錯，因為我必須設計它。」里奇嘆了口氣。「而且我確實是一名開發人員。六個月前，我們還沒有 UX 設計師！」

「好吧，在這種情況下，你已經盡力了。」麥特說，試圖給里奇台階下。「至少我們知道現在的問題是什麼。」

「我不知道他們有想從其他系統轉課程過來，我以為那些課程都是從頭開始製作的。」里奇說。

「我也不知道他們在其他系統創建內容的複雜狀況，他們只是想要一種方法可以快速將之前的內容輸入進來。」

「我知道。這個工作流程是完全沒有的，好吧。」麥特說。「讓我們寫下問題並畫出使用者想要的流程，我們可以從那裡開始。」

「太好了。有幾件事對我來說相對重要。這是我在採訪人們時記錄下的一些問題陳述。」克莉絲塔說。

她向團隊展示了她的清單：

- 當我從另一所學校轉移課程時，我想輕易地、準確地上傳我的所有資訊到瑪奎立，這樣我就不必花時間重新輸入所有內容。

- 當我創建新課程時，我想輕鬆地輸入所有內容，以便更快地推出。

- 當我創建課程時，我希望有一個純音訊選項，這樣可以節省創建影片的時間，並吸引喜歡 podcast 的人們。

- 當我推出一門課程時，我想要系統提供有關價格的建議，這樣我可以節省時間搜尋類似課程。

- 當我創建課程時，我想知道我潛在的學生想學什麼，因此我可以為他們創建相關的內容。

「這些敘述包含了全部。」麥特和里奇表示同意。「讓我們勾勒出我們當前使用者的歷程，並找出哪些方面不好，然後我們可以做出理想的狀態。」

他們在白板上繪製了當前的使用者旅程，並標記了特別有問題的區域。

克莉絲塔說：「我認為我們最大的機會是解決人們將其內容輸入系統所需的時間。」，「我們應該首先將其作為我們的問題，然後再對它進行實驗。」

他們寫下了他們的假設：

> 我們相信，透過幫助老師輕鬆地、快速地將其課程內容輸入系統，我們可以將課程發布的比例提高到 50%，且將第二門課程的創建數量提高到 30%。

了解問題

產品經理通常會被稱為「客戶的聲音」，但是我們當中許多人並沒有如我們應該的出去並與客戶交談。為什麼？因為它涉及與人交談（倒抽一口氣）。安排訪談要花費很多力氣，有時看起來比待在辦公室內直接進入 A / B 測試或透過資料篩選更令人生畏。雖然資料分析很重要，但它並不能說明全部情況。因此，我們全部都必須出去與真正的人們交談，以深入他們心中的問題。事實上，Giff Constable 為此寫了一本書，名為《Talking to Humans》，可以帶你逐步了解如何做到。

使用者研究、觀察、調查和客戶回饋，都是可以用來從使用者角度更好地探索問題的工具。在這裡，使用者研究不應被誤解為可用性測試，其包含展示原型或網站並指導人們完成操作。在可用性測試中，你要知道的是他們是否可以輕易使用和導向解決方案，而不是解決方案是否真正解決了問題，這種研究的類型被稱為評估性的。

而基於問題的的使用者研究是生成性的研究，這意味著其目的是去找到你要解決的問題。它包含深入客戶問題的根源並了解其周遭情

境，這就是瑪奎立所做的。團隊去到客戶那裡，進行觀察，然後提出問題。「阻礙你完成課程的最大問題是什麼？痛苦是什麼？」當進行基於問題的研究時，你試著識別出問題的痛點和根本原因。當你了解客戶問題的情境後，就可以形成更好的解決方案。如果沒有做這些，你只是在猜測。

解決問題前沒去找問題的根本原因，這是很容易陷入的陷阱。我們都喜歡解決問題，即便我們不知道問題出在哪裡。我們的大腦喜歡以解決方案的方式思考。但是，這可能對企業來說很有風險。如果你對問題沒有根本性的了解，則永遠無法從容地創建對的解決方案，最終你唯一的路就是靠運氣。我並不是說這個過程很容易，但它是一個較高效、有效和成功的方法。

當你在這個模式下很容易犯的錯就是，佯裝那個問題是缺少一個功能。我曾與公司進行過多次類似這樣的交談：

　　我：「你們要為使用者解決什麼問題？」

　　公司：「我們的使用者沒有客製儀表板（dashboard）。」

　　我：「所以…你的解決方案是什麼？」

　　公司：「客製儀表板」。

當我問為什麼使用者想要客製儀表板時，我得到的回應像這樣：

　　他們想要每天很容易地查看其最重要的指標，以便了解是否有某一個建構弄壞某些東西。

他們想要能夠與其老闆輕易地說明上次發行的進度、及他們所
負責的特定指標。

他們想要能夠每天監控其產品目標，以便他們可以決定下一
步。

這些都是客製儀表板可以解決的合理問題，但是在不同情況下，建
構儀表板的方式會略有不同。對於第一個和第三個使用案例，我們
可以創建一個 UI，讓他們可以選擇某些指標去監控並固定時間進行
更新；在第二個使用案例，如果我是使用者，我會想要一個報告功
能，讓我可以依據我老闆想要的去生成報告。也許你可以創建一個
同時解決兩個問題的解決方案，但是如果某人只有第二個問題，則
你可以為自己節省一些工作。

人們很容易心繫解決方案想法。即使做這工作這麼久，我也會陷入
其中。當我為我們的線上學校 Product Institute 想到一個新構想時，
我非常興奮，並想要立刻實現它。就在幾個月前，我有一個很棒的
想法，搭上矽谷最新的浪潮：聊天機器人。我想，如果我們可以將
聊天機器人放到我們的網站上，並寫程式讓它回答問題，像線上教
練一樣，我們的學生會為此瘋狂。我開始釐清我們如何能夠快速實
現它及測試它，幸運的，我們的產品經理 Casey Cancellieri 非常明
智地說：「Melissa，我們現在不需要這個。這個功能沒有解決任何
問題。」她是對的。即使這個想法在未來可能是個好的（或非常糟
的），它並不是當下的需求。這是分散注意力的事。

我的朋友 Josh Wexler 說：「沒有人想要聽到有人說他們的**寶寶**不好
看。」解決它的方法是不要太依戀。在佔用團隊過多時間和精力之
前，以及在迷上它們之前，請終止這些不好的想法。相反地，請愛
上你要解決的問題。

使用者不想要一個應用程式（App）

幾年前，一個企業界女性社群的創始人請我為一個 app 想法提供建議。我努力評估他們進度到哪以及他們要解決什麼問題。這個 app 的想法來自何處？經過挖掘並與主要人員談話之後，我發現該公司在前年推出了一款完全不同的 app，並有非常成功的下載率。越來越多的人來到該網站，這確實對獲取非常有用。

該公司堅信也將從這一新 app 中獲得大量客戶業務，但是沒人能確定他們正在解決的問題是否是對的。該公司急於建構功能是為了要推出某些東西，而不是試圖了解其客戶想要或需要什麼。

在第一天，我會見了產品和領導團隊，以更深入地了解他們對新 app 的想法。這次，他們希望使用類似 Tinder 的介面來將女性與潛在企業導師配對。假設是，女性需要迅速接近導師，以得到職涯建議和發展，並且她們願意與所在城市中的其他女性連結，以滿足這一需求。團隊很重視該假設，但是，我們決定退後一步思考，並問一個明顯的問題：「與陌生人配對以獲得指導的這種方式，女性是否覺得自在？」

我們測試了這個假設。我們訪談了許多女性，並向那些努力尋找導師的人介紹了該 app 的想法，反應不是很好。「呃…不了」是典型的反應。這些女性不想讓陌生人當導師，她們必須討論其工作關係的私人細節，並且她們認為在建立關係之前，她們需要一些共同點。這些女性中有許多人都是透過她們所信任的人的推薦來尋找導師的：父母的朋友、大學的校友、姊妹會、工作中或聚會中的友人。她們不想用滑手機方式去尋找導師。

透過這個過程，該公司了解到客戶想要什麼以及不想要什麼，而該過程正在揭示這些。他們很快意識到，這 app 實際上並不是為客戶建構的對的產品，該解決方案已驗證無用，但是他們仍然不了解他們是否正在解決對的問題。事實被揭露後，我與團隊一起，透過訪談進行適當的問題研究，開始更深入地了解這些女性在導師和企業網絡方面的問題。

有了這經驗之後，團隊可以看到，如果及早測試該假設，透過研究和更多實驗，則可以為將來節省很多錢。該團隊已經付了產品開發人員很多的錢去開始創建該 app，而原本可以用一週時間使用不同方法來證明或反證其是否值得投入。早早進入解決問題的思路，你可以騰出更多時間去建構對的事物，因為你不會浪費時間追求不對的事物。

打破障礙並發揮創造力

在許多公司中，通常由於企業官僚體制，很難或甚至不可能與客戶談話。在這種情況下，你需要發揮創造力。我的一個朋友 Chris Matts，是打破公司限制的大師。他曾經告訴過我，他在一家公司工作時，被告知不能與客戶交談。他去找了訂定規則的人，然後那個人又叫他去找另一個顯然是制定規則的人，他一直向上溯源，直到最終找到那個真正發布該命令的人。那個人看著他並說：「什麼？我從沒說過人們不能跟其客戶談話，我只是說你必須經過一個特定流程才行，就是要填寫這張表格。」隔天，他去找客戶談話了。

得知一些資訊總比沒有好。在消費性產業中，你通常可以接觸使用該產品或具有適當背景的朋友的朋友；在 B2B 產業中，你可以與銷售人員或客戶經理合作，讓他們成為你研究的間諜 —— 在他們打銷售電話或跟進會議期間，問一些你可能需要知道的問題。並非總是

可行，但是在許多時候，當你跳出框框思考，你可以得到某些有幫助的東西。在瑪奎立的例子中，當無法直接與註冊前就離開的使用者取得聯繫時，它採用了 Qualaroo。

即使你可以接近你需要的人，客戶研究也並非沒有陷阱。這可能很棘手，你可能曾經歷過，人們常常會立即跳到告訴你解決方案。他們會說：「哦，我只需要在這裡有一個可以讓我做某件事的按鈕就好了。」作為產品經理，你需要證實而詢問：「好吧，但為什麼？為什麼你需要一個按鈕？你為什麼認為有一個按鈕是對的？你想完成什麼？」了解使用者的需求（而不是按鈕）可以幫助你更接近了解問題的根源。

請記住，客戶的工作不是去解決自己的問題。你的工作是問他們對的問題。

驗證問題

回到瑪奎立的例子，克莉絲塔和她的團隊正在上現實世界中，關於問題驗證的真正一課。

「因此，我們斷言，如果我們讓上傳課程內容到系統簡單又快速，那麼我們可以增加已發布課程的數量；但如果我們只是讓創建課程自動化呢？他們可以輕鬆地將所有內容上傳到某個地方，然後我們只要著手將它們放到正確位置即可。」克莉絲塔提議道。

里奇說：「嗯，這可能很有趣，但我認為這有很多細微差別。」，「例如，他們輸入的東西是否全部都是標準化的？課程領域很多，而且每門課程在技術上都不同。除非他們遵循特定的課程格式，否則我們將無法做到這一點，例如每個人都有影片、字幕、文字區塊等。我有點懷疑可以這樣。」

克莉絲塔思考了片刻並說：「我認為你是對的，但我只是不知道。也許他們想要對內容進行更多控制，也許他們不想。」，「我們何不進行一次小型測試，來看看我們是否了解，他們是否想要客製他們的內容類型，或者他們是否可以遵循某種格式？也許他們是課程設計方面的專家並對此非常重視，又或者他們正在尋求我們的引導。」

我坐在那裡觀察，他們在對的路上，但是他們需要真正地勾勒出他們想要得知的東西。我說：「讓我們回到產品形，然後過一下它。」，「你們在最後一步驟中得知了什麼？」

「我們了解到更多有關老師的問題，我們知道他們在將內容導入系統時遇到困難，弄清楚我們系統如何運作似乎是最大的障礙。」

「太好了，」我說。「根據那最後步驟，你們現在的狀態是什麼？」

「有關目標，我們仍然處在原地。我們還沒接近過它一步。」

「好，那麼你實現目標過程中的最大障礙是什麼？」我問團隊。「接下來你需要知道什麼？」

克莉絲塔安靜了一分鐘，然後說：「為了前進，我們需要知道的下一件事，是如何解決使用者的最大痛點 —— 把內容放入系統中，還有花這麼長時間是怎麼回事。我們不知道他們希望內容如何出現，或他們是否對格式挑剔。我們不知道他們是否會遵循範本，這對我們來說較容易，或是他們想要自己控制。」

我說：「在我看來，你們需要做一些生成性解決方案研究。」，「這意味著你們需要回答像是『他們在解決方案中看重什麼？』之類的問

題，與其說是證明一個假設，更多是要了解什麼是好的解決方案來測試。」

里奇說：「我們可以聯繫正在開始新課程的五位老師，並為他們提供一項服務，幫他們把所有內容都輸入系統中。」，「我們將承擔這工作，自己做看看。我們可以看到他們提交了什麼類型的東西，甚至可以嘗試用範本測試，看看是否可以讓他們以某種格式將內容提供給我們。」

「我喜歡這個點子。」克莉絲塔說。「讓我們從沒有範本的情況開始，這樣我們就可以看到內容包含什麼。我們可以請五名老師，讓他們以想要的任何形式提交內容，並查看他們提交了什麼類型的東西。」

我說：「聽起來你們在對的路上。」，「我什麼時候可以回來看看你們得知了什麼？」

「我們大約需要兩個星期的時間來完成它，所以讓我們到時見。」克莉絲塔說。於是團隊開始進行他們的實驗。

他們聯繫了剛開始創建新課程的 20 位老師，並詢問他們在課程輸入系統時是否遇到困難。十位老師回答'是'，於是他們竭力推銷他們的服務：「我們接手將你的課程帶入系統，而你只需要給我們內容即可。然後，你可以查看並編輯你想要的地方。」五位老師同意在接下來兩個星期與他們合作。

他們請老師將所使用的任何格式的任何內容傳送過來，各種形式和格式的東西湧入，有 Dropbox 連結、Google Docs、課程試算表和

YouTube 連結。最令人驚訝的是影片的格式，老師將其未經剪輯的內容傳送給他們，並附上說明他們打算如何剪輯它們。音訊檔案是分開提供的。

克莉絲塔說：「我沒想到要幫他們剪輯影片。」，「我以為已經告訴過他們，必須傳送最終的內容過來。」

里奇同樣感到困擾：「我不知道怎麼做這些，我不是影片剪輯師，我以為他們是很難將東西放入我們的系統中，而不是很難自己創建內容。」

麥特花了大量時間與使用者一起，他認為他了解發生了什麼事：「想想看，他們不是創建線上課程的專家。他們擅長開發課程，但不一定擅長製作影片，如果我們誤解了該問題怎麼辦？如果問題不在於將內容帶入系統，而在於創建線上內容（尤其是影片）？」

團隊成員互相對看，「我們必須進一步跟進這些老師，讓我們更深入探究。」 他們去與老師交談，一次又一次地聽到同樣故事：「你們的網站糟透了，將內容放入系統非常困難，但這不是我最大的問題。創建一個課程花了我如此長的時間，是因為我必須學習如何剪輯影片和創建出吸引人的影片，如果我可以更快地創建影片，那麼我將可只用一半時間就能完成課程。」

「哇！」里奇說。「我們完全沒注意到真正的問題。我們必須重新設計這流程，但是最大的問題是創建影片。我想知道它的影響有多大。」

該小組對其所有的老師進行了調查，發現到目前為止，影片創建是老師最大的痛點之一，他們花兩個多月的時間來剪輯影片。大多數

未完成課程發布的老師說，花太多時間嘗試創建和剪輯影片是他們最終沒有發布的原因。一位使用者說：「我知道如何拍攝這些影片，但試著找出怎麼做出好影片並剪輯它，實在是超出我的能力範圍。」另一位甚至說：「上週我花了四天時間來拍攝一部影片，因為我中途一直搞砸我的講稿。」

里奇說：「我認為我們找到真正的問題了。」

18

解決方案探索

兩週後，我再次與團隊見面，回顧他們所得知的東西。克莉絲塔笑著說：「我們發現了一個更大的問題，阻礙了我們實現目標。」，「我們的老師在兩個月內花 80 個小時以上的時間來剪輯他們的課程影片，有些人甚至一遍又一遍地重拍影片，使他們不必進行剪輯。」

我為他們感到驕傲。「瞧，試著解決一個問題就發現了更大的問題。下一步打算怎麼做？」我問。

克莉絲塔說：「我們正在進行一項實驗，來看看是否幫選定的一群老師剪輯影片，能使該群老師發布更多課程出來。」團隊開始過一遍產品形以決定下一步需要得知什麼。

里奇說：「我們知道影片剪輯是大多數老師的問題，但我們需要得知解決了此問題是否會提高課程的發布率。」

「完美，」我說。「現在，你們打算如何做？」

該團隊確定了實驗範圍。他們會將影片剪輯服務推銷給老師，並在兩週內每週最多幫助 10 位老師。瑪奎立的行銷部門有兩名影片剪輯師。克莉絲塔請凱倫去獲得行銷副總同意，讓他們幫忙實驗兩個星期，他同意了。他們共同決定，在這段時間內，他們每週可以處理大約七門課程。

知道這一點後，且已經知道發行每門課程可能帶來的潛在收益，克莉絲塔將他們的成功指標設定為一個月內要至少發行 10 門課程。

實驗兩週後，我回來確認該團隊狀況並看看他們得知了什麼。

「好吧，它沒有完全符合我們的預期，但是我們得知了一些東西。例如，我們發現大多數老師甚至不知道好的線上課程影片要長怎樣。因此，我們最終為他們提供了如何做出有趣影片的建議。」克莉絲塔說。

里奇繼續說道：「基於此，我們認為一個好的解決方案，將包含影片製作指南或某種範本。」

克莉絲塔說：「我們看到很好的結果，且我們希望繼續下去，但是我認為此實驗不會擴大到每兩週超過 14 位人員。」

我回答：「好吧，這是意料之中的。」，「你正運行的實驗類型是服務人員實驗。從本質上講，它們很昂貴，因為你以人工承擔了工作。你需要知道解決方案中什麼是有意義的，然後思考你如何將其擴展成為可持續的提供物，如果它證明了你的假設的話。這進展很棒，讓我們回頭確認一下，並看看是否老師同意在一個月內發布。」

團隊回到工作上，並開始識別出解決方案中有哪些部分對老師很重要：

- 成功影片製作的做法或操作指南

- 能夠將人物特寫影片、投影片、圖片、音訊和 YouTube 影片拼接在一起的能力

- 能夠在影片上顯示文字的能力

- 影片的介紹投影片

他們還考慮了哪種體驗或因素會做出或破壞解決方案：

- 成品控制

- 易於獲取資訊給剪輯者

- 在需要的內容上使用一般語言，而不是技術性語言

當團隊思考這些因素如何變成可擴展的提供物時，他們開始看到課程運轉。在影片被剪輯並上傳到網站後的一週內，團隊所協助的老師中有一半發布了他們的課程；到三週結束時，已經有 12 位老師發布了。成功！

從實驗學習

瑪奎立團隊了解到，它要解決的問題存在很多不確定性。影片剪輯不是組織的核心價值主張，因此它必須從使用者的角度深刻了解需求，以便找出如何以對公司有意義的可擴展方式解決影片剪輯問題。這就是為什麼從實驗學習是關鍵的原因。

公司經常混淆了從建構學習和從建構營利。實驗就是一種從建構學習。它使你更了解客戶，並證明解決一個問題是否有價值。實驗不應設計成要持續很長時間。從本質上，它們旨在證明一個假設是對的還是錯的，並且在軟體上，我們希望越快做完越好。這意味著你最終將需要放棄所建構的東西，並找出如何使它可持續和可擴展，如果它成功的話。

自《精實創業》出版以來，很多公司一直採用著實驗技巧，但其中許多是為了錯誤原因而進行。他們都試著建構理想的最小可行產品（MVP），這是該書中引入的實驗概念。我問我的 Twitter 追蹤者，在他們的公司中如何定義一個 MVP。有許多人回覆，但有一位總結的很好：「曾經有兩個不同客戶都告訴我，不管建構的內容是什麼，第一個版本就是一個 MVP。」

正是這種想法使我們落入建構陷阱，當我們使用 MVP 僅為了更快地發布一個功能時，通常會在過程中省略了要有好的體驗。因此，我們犧牲了很多可以從中學到的東西。MVP 中最重要的部分是學習，這就是為什麼我對 MVP 的定義一直是「最少的精力去學習」。這使我們定錨在成果而不是產出。

由於對 MVP 的概念上的錯誤想法，我自己已完全不使用這個詞。相反地，我更多地談論解決方案實驗，這些實驗被設計來幫助公司學習地更快。在這裡，我們從實驗學習，而不是從建構營利。我們不是在創造穩定、穩健和規模化的產品。通常，當我們開始實驗時，我們還不知道最好的解決方案是什麼。這就是做這個的重點。

產品形是使人們扎根於學習的好工具。它總是在問：「接下來你需要得知什麼？」這樣可以使團隊保持在正軌，並設置好以創建對的實驗類型。

有很多從實驗學習的方法。服務人員、奧茲大帝和概念測試是解決方案實驗的三種例子，我將個別簡短地說明。

由於這些被設計出來不是旨在成為長期解決方案，你會想要盡量不向客戶曝光。在這裡的每種實驗，有一點很重要的是，要思考你如何結束它──去「停止迴圈」。對客戶設定實驗期望，是使他們滿意並降低實驗失敗風險的關鍵。向他們說明為什麼你要進行測試，何時以及如何結束實驗，以及下一步你打算做什麼。溝通是成功實驗流程的關鍵。

服務人員

瑪奎立與老師們一起進行的實驗稱為服務人員（*concierge*）實驗。服務人員實驗將最終結果人工傳遞給你的客戶，但它們看起來一點都不像最終解決方案。你的客戶將了解你是人工進行的，不是自動的。這是我最喜歡的實驗類型之一，因為它不涉及寫程式，並且可以快速開始。由於你會與客戶緊密合作，所以會有大量回饋進來，並且學習迴圈很快。

B2B 類型的公司特別對服務人員實驗有興趣，因為這是其中許多公司起步的過程──透過為客戶承擔工作，然後使其自動化。透過自己承擔工作，你可以一下就知道如何建構對的軟體。而且，與寫程式的功能相比，對服務進行迭代的速度要快得多、花費也便宜得多。當我擔任產品經理時，我經常使用這種類型的實驗來了解我的客戶。

在一家 SEO 公司中，我們使用 Excel 為預測工具建模，以預測組織的關鍵字排名。我們能夠將試算表手動交付給一些客戶，並衡量他們的反應。我們了解到他們最想控制的要素有哪類，以及什麼比例

的確定性使他們感到放心。在使用試算表一個月後，我們能夠將該功能的程式寫入我們的產品中，並發行給我們的使用者，獲得廣泛成功。

服務人員實驗可以是一個非常強大的工具。這種方法需要注意的是，由於它需要大量勞動力，因此無法擴展。你應該在剛好足夠的使用者中進行這些實驗，以便你可以與他們保持定期聯繫，獲得大量回饋，然後使用該資訊去迭代。正如瑪奎立所做的那樣，你可以計算出一定時間內你可以處理多少人。當你準備好要去看你的解決方案是否可以擴展到更多人時，你應該使用另一種類型的實驗。

奧茲大帝

我建議用於接觸更多受眾得到回饋的方法稱為奧茲大帝（*Wizard of Oz*）。與服務人員實驗不同，奧茲大帝背後的想法是，它看起來和感覺起來都像一個真的、完成的產品。客戶不知道，在背後，這些都是手動的，某人在暗中控制著 —— 就像綠野仙踪中的奧茲大帝一樣。

Zappos 實際上是從奧茲大帝方法開始的。過去，創始人 Nick Swinmurn 想看看人們是否真的會在網路上購買鞋子。他用 WordPress 建立了一個簡單的網站。訪客可以查看然後線上購買鞋子。但是，在後端，只有 Nick 一個人做著各種事，當每筆訂單進來時，他從西爾斯百貨（Sears）購買鞋子，然後用 UPS 寄出。沒有任何基礎設施，沒有鞋子庫存，沒有人守著電話。僅只有一個網頁，創始人用此等待訂單。一旦訂單到了，他便出門去完成它。透過這種方法，在不建構整個網站的情況下，Nick 驗證了確實有線上購買鞋子的需求。這就是奧茲大帝方法。

當你正尋求一定規模的回饋時，這是一個很棒的技巧。在我以前工作的一家電子商務公司，我們曾用它來證明了一個關於訂閱的假設。營運主管對如何銷售更多現有產品有很好的想法。當時 Amazon 正實行其一鍵式訂閱服務，他認為它也可能適用於我們。我們網站上有很多產品，人們需要每月再訂購它們，例如蛋白粉、維他命和補給品。

他帶著這個想法來找我，並請我們探索若要實行它將要付出多少。不幸的是，我們的第三方運送管理系統無法支持訂閱式產品，因此這將是一項重大開發工作。我們大致計算出完全完成這項工作需要花費多少費用，並設計了一個奧茲大帝實驗，來看看訂閱是否會帶來足夠的收益，能與付出相匹配。

然後，我們複製了所有符合訂閱條件的產品，在標題加上「訂閱」來重命名，並在結帳時加上簡單的 PDF 合約。以客戶來看，這就是一個普通的訂閱產品，但是在後端，客戶服務團隊會拉出這些產品訂單，然後每月幫人們再訂購。我們追蹤了四個月這些產品的銷售狀況，發現許多人會在第二個月或第三個月取消訂閱，這很奇怪。我的意思是，如果他們想繼續使用該產品，他們應該會再訂購。

我打電話給一些人以找出原因，有一個普遍的問題，他們說：「我想感覺自己可以控制自己的購買。我現在訂閱太多東西，我寧願自己再訂購。」知道這個後，我們嘗試了另一種方法。我們最終每個月向需要購買再訂購產品的人發送一封簡單的電子郵件。銷量猛增！而且，由於我們先進行了實驗，最終節省了超過 100,000 美元的開發成本。

公司想讓奧茲大帝實驗繼續下去，因為對客戶來說它們看起來是真的。但這並不明智，因為它在後端仍然是人為手動的。知道要走哪

個方向後，你就可以開始思考完整解決方案或進行其他形式的實驗。

奧茲大帝也可以與 A／B 測試等技術結合使用。在 A／B 測試中，你將一部分流量拆分到一個新的解決方案構想，來查看它與網站當前狀態相比是否改變了衡量指標。你也可以在奧茲大帝外使用它來測試網站上的新設計或訊息。

但是，在使用 A／B 測試時需要小心。在兩種情況下不要使用 A／B 測試：如果你仍然不確定解決方案的方向，或者如果你在這些頁面的訪問流量不足以使結果具統計意義。如果是後者，則可以使用概念測試之類的技巧來獲取回饋。

概念測試

概念測試是另一個解決方案實驗，它更聚焦在貼近個人的客戶互動上。在這種情況下，你嘗試向使用者展示或秀出概念以衡量他們的回饋。這些在執行上可能有所不同，從登陸頁面和低保真線框到更高保真原型或服務展示的影片。這裡的想法是以盡可能最快、最輕便的方式去傳達解決方案想法。

重要的是要注意，這種類型的實驗往往比評估性實驗更具生成性。就像問題研究一樣，生成性解決方案實驗幫助你更了解使用者在解決方案中的需求。當你向使用者展示該概念時，你是在要求他們將自己投入到他們遇到問題的場景中，並且問他們有關解決方案將如何解決或不會解決他們問題的問題。

如果你要使它具評估性，去穩定地測試一個假設，則在與客戶就此概念進行訪談時，你需要一個明確的合格或失敗標準。我稱之為請求 —— 某些你需要從使用者那裡得到的東西，形式可以是承諾、金

錢價值、時間或其他投入，以表明他們是感興趣的。登錄頁面幾乎總是竭力推出想法，並以輸入電子郵件地址的形式包含一個請求。

在許多公司的初期階段，概念測試是他們獲得早期銷售或資本的方式。這是 Dropbox 得到第一輪投資的方式[1]。剛開始時，Dropbox 有預感，它可以為使用者解決的最大問題，是可以跨電腦和網路無縫地同步使用者的文件。這個問題確實很氾濫，但是該公司很難將解決方案推銷給投資者。當它解釋 Dropbox 如何運作時，投資者不予理會，理由是類似工具的市場已很競爭。無論他們多麼努力試圖解釋其解決方案，投資者就是無法想像它。

因此，該公司著手解決方案實驗。該團隊整理了一個概略的影片，展示 Dropbox 可以做什麼。它沒有建立樣本或原型，而是使用剪輯影片向投資者展示它的樣子和感覺。它感覺上就像是真正產品的樣本，即使它不是最終產品。當投資者看到它時，他們瘋狂了。對他們來說，這是魔法。Dropbox 能夠確保其獲得資金，並驗證它在對的道路上。

當你不一定需要實驗時

在最近的一個工作坊上，一位產品經理問我：「我們是否總是需要運行這些實驗？假設它只是個很容易解決的問題呢？」答案是不。儘管服務人員、奧茲大帝和概念測試都是不錯的技巧，但有時你不需要對多個概念進行如此大量的實驗。重要的是要記住，這些工具是用於較高不確定性的，因此，在你的解決方案構想中存在較大風險。

1　"How DropBox Started as a Minimal Viable Product," TechCrunch. https://tcrn.ch/2PnoIfp.

例如，我與一個團隊一起工作，該團隊正在實驗如何減少打給其辦公室服務台的電話量，團隊發現了一個問題，即本來要有的一個按鈕沒有顯示在螢幕上。作為這種方法學的優秀學生，他們希望展開A／B測試，向半數參與者顯示該按鈕並測量其變化。我告訴團隊這不是對的方法。在這種情況下，團隊知道問題也知道解決方案，現在是實現它的時候了，不需要再進行前期測試，但他們仍應衡量實施後是否電話真的有減少。

通常，解決方案不像缺少按鈕那樣簡單，也不像我們在本章中討論的其他一些例子那樣模糊。在這種情況下，你應該仍然要從建構學習，而不是急於進入一個完整解決方案，但是還有其他工具你可以運用，例如原型。

原型（*prototype*）是最流行的測試工具。當你需要了解是否特定使用者流程或功能可以為使用者解決問題，並使他們獲得想要成果時，可以使用原型。這是一個絕佳的工具，因為原型不需要任何程式碼，且有很多軟體產品可以幫助你將螢幕畫面連接在一起，從而使流程更真實。

但是，如果你在創建原型時不走設計衝刺路線，包括在投入設計之前進行大量使用者研究，那麼你很容易陷入嘗試解決一個你不明白的問題中。當你需要驗證問題時，原型沒有意義。在這種情況下，你正浪費時間創建看起來不錯，但無法幫助你得知所需知識的閃亮設計。這就是為什麼，在進行任何解決方案活動之前，你需要聚焦在探索問題上。

請務必記住，任何實驗類型都必須被適當地使用且在對的情境下。也就是說，在你收斂解決方案想法之前，也可以且應該運用自己的創造力來想出不同類型的實驗，以幫助釐清你需要回答的問題。發

揮創造力！只要記住，你在此階段的最大目標就是學習，而不是營利。

在複雜產業中實驗

當我介紹從實驗學習的概念時，經常會遇到相同的反應：「聽起來不錯，但我們這不能這樣做。」這是錯誤的。

當然，不是每個產業都可以利用登錄頁面或奧茲大帝，因為前兩者最適合消費性產品。但這只是實驗中的兩種類型。如果一個好的實驗可以幫助你學習，那麼你總是可以在自己限制範圍內找到一種方法。使未知變已知可以降低風險，這對於大型、官僚體制的公司（例如銀行）以及具有較長產品開發時間的產業（例如航空業）都是適用的。沒有不學習的藉口。

甚至看似最瀑布式的專案也是有實驗性質的。想想看開發一個太空梭，雖然建構這個複雜系統需要花費數年時間，且涉及硬體，但在此過程中仍可能進行實驗。例如，測試控制板以查看它們是否可以承受引擎熱，是一項實驗。你假設，測試，然後進行迭代以找到對的材料組合。知道對的材料組合之後，成為被建造的太空梭零件。這就是我們應在任何產業開發產品的方式。

在 2014 年，我在 Wayra 加速器指導新創企業時，在倫敦輔導了一家名為 GiveVision 的公司。GiveVision 的使命是幫助視障人士「看見」，透過提供可以閱讀、識別和報告其周遭世界正發生什麼事情的眼鏡。當我從「這些人確實在拯救世界。我這一生到底在做什麼？」的感覺恢復過來之後，我們坐下來談公司的產品開發過程。我了解到，其眼鏡的開發時程大約需要數年，該組織必須與第三方製造商一起寫軟體程式且之後無法進行迭代，原因是該軟體已被寫

死在眼鏡裡，而且安裝後無法更新。我與創始人討論了風險的概念，以及公司如何透過實驗來降低風險，這位創始人說，最大的風險是可以寫入眼鏡的軟體程式選項太多，而沒有人能確定哪個是最有價值的。這時候，公司決定進行實驗。

當我一個月後回來，我對團隊取得的進展感到驚訝。為了了解其潛在使用者最關心什麼，該公司做了幾件事：首先，它進行了很多研究，其中包括跟隨和觀察視障人們的日常生活。團隊成員了解到其客戶最大的挫折、周圍有某些障礙物時如何處置，以及他們正尋求什麼類型的資訊。

一位女士說：「每天我都必須坐特定公車上班，但我永遠無法知道哪輛公車正接近公車站，因此我需要叫停所有接近的公車。當我上車，我問司機，當我知道那是錯的公車時候，馬上下車。當我下車時，我可以聽到所有人都嘆氣，認為我耽擱了他們。我希望我能在公車接近時讀到它的路線號碼。」有許多這樣的故事。GiveVision 使用這些軼事和觀察，來識別它可以解決的最重要問題。優先順序是閱讀標誌（如識別公車號碼）、營養資訊、貨幣，和顏色。

下一個要回答的問題是：「我們可以使軟體以某種方式識別和報告，讓使用者滿意嗎？」 這就是棘手的地方。要將任何程式寫到眼鏡上，製造商的處理時間大約是六個月。由於 GiveVision 無法在此時程上快速迭代，更不用說每次生產新眼鏡的成本了，因此該公司發揮了創造力。

它把眼鏡上運行的軟體寫入 Android 手機，並使用手機的相機作為鏡片。為了模擬位置和高度，工程師們使用了 3D 列印機來做出「眼鏡」，在「眼鏡」上固定手機後戴在頭上。現在，他們可以把這個「眼鏡」給使用者去測試並全天佩戴。

「眼鏡」如圖 18-1 所示，我去試了一下。當然，我看上去有點
傻，但它確實有用！我可以四處走動，同時其技術會識別貨幣、顏
色和標誌，且它會透過隨附的耳機說出資訊給我聽，它非常棒。
GiveVision 的使用者對新體驗感到興奮，即使它看起來很笨拙。使
用者提供了非常多回饋，像是所使用軟體的答案類型、位置、時間
以及其他。這樣的創造力，使公司無需經歷數月或數年製造，就可
以得知很多東西。

圖 18-1 GiveVision 的實驗

隨著客戶端對軟體部分的風險減少，該公司可以開始寫程式到眼鏡
上。六個月後，它有了一個真正眼鏡的原型，該原型比第一個實驗
用的好太多，其用來籌資並模擬了更多實驗。

學習降低了風險。解決方案探索的目標，是獲得更快的回饋。如
果我們花太長時間獲取回饋，我們不僅浪費金錢，又浪費時間。
建立錯誤事物的機會成本太高了，每個產業和產品都有其未知事
物——在你如何回答這些未知上變得有創造力是關鍵。

在內部產品上實驗

我經常聽到：「我真的必須使用這些技巧在內部工具上嗎？」是的，一點也沒錯。

我的第二個產品管理工作，是在前面章節提過的電子商務公司，管理所有內部工具的開發。實際上，我當時同時擔任產品經理和 UX 設計師雙重角色，建立該系統最終成為我職涯的轉折點。在那之前，我認為，由於客戶從來不會看到我們的內部工具，因此它的體驗或設計不那麼重要。它的重點在於發揮其功能。

以這種心態建構了一年，我才被當頭棒喝。記得有個星期我幾乎每天都在家工作；老闆問我為什麼沒到辦公室。我告訴他：「有很多人等著我進辦公室要我幫他們上傳產品，因為他們搞不懂工具。我還有工作要做好，我不能成為每個人的服務台。」他停了一會兒，然後看著我說：「唔…如果他們無法搞懂如何使用工具，那就是你的問題，而不是他們的問題。」

他是對的，我沒有滿足我使用者的問題。實際上，我使他們的工作更加困難。

我開始像其他任何有外部使用者的產品經理一樣，進行我的工作。我寫下他們的問題陳述、跟他們一起研究、對提供物進行實驗，並開始深入了解他們工作的方式。我們使用了服務人員實驗、概念測試和大量的原型設計。我甚至了解到，與使用者一起進行這項工作比較容易，因為他們和我在同一艘船上。

當我開始以這種方式工作時，我們看到巨大的變化。我們的內部使用者較開心，而且減少了這個職位員工的流失率，那些離職員工認

為這個工具讓他們很難做好其工作。這些人可以完成更多東西，並且由於不必繼續以驚人速度不斷聘雇，我們企業營運成本也因此下降了。

內部工具經常被忽略，但它們對公司仍然很重要。對待它們的方式需要跟任何其他產品相同。你需要去了解方向、診斷問題、了解更多有關它的資訊，然後了解什麼是對的解決方案。在你實驗證明價值之後，你可以專注於建構你的第一個版本並優化。

在瑪奎立選擇對的解決方案

在團隊確認影片剪輯是問題之後，是時候讓產品副總凱倫介入並評估他們的選項了。鑑於需要大量投資，她必須將此案例提交給領導團隊以獲得同意，我正和她一起討論選項。

她告訴我：「這是一個要自建、找合夥或購買的決定。」，「我們可以自己建構一個服務，看是雇用全職或自由工作的影片剪輯人員。我們也可以建構自己剪輯影片的軟體。或是我們可以購買一個使用者易用的影片剪輯技術，並將其嵌入我們的老師平台。從利潤角度來看最後一個是最好的，但是存在老師們不會使用它的風險，我必須研究一下。」

凱倫離開後去探索不同影片剪輯軟體，這些軟體要具有克莉絲塔團隊在實驗中發現的解決方案的要素。她找到一家在布達佩斯的公司，對方恰巧正在做他們要尋找的 —— 查詢並加上背景音樂、輕易地拼接影片、同步不同的音軌、並在影片上寫文字。所有這些，都在一個很簡單使用的介面上。但是在使用者端仍然存在風險，她找克莉絲塔去規劃他們下一個實驗。

「我們需要了解使用者是否可以使用這個軟體自己剪輯。我們上次幫他們做了所有工作。」凱倫對克莉絲塔說。「妳可以進行另一個實驗，讓使用者試用這家布達佩斯公司的影片剪輯軟體，看看他們是否可以自己用嗎？」

「噢，這聽起來很好。好，我們將進行另一輪類似於第一次的測試，並衡量人們是否使用這個影片軟體，如果有，是否在一個月內發布課程。」

該團隊邀請了 40 名老師參加他們的實驗 —— 包含新老師，還有之前曾發布過備受好評課程的老師。他們用 30 分鐘介紹了如何使用影片剪輯軟體，並給他們一個如何做出好影片的指南。然後，他們讓他們自己來，如果有問題時隨時問他們。

在開始的第一週，一些零星的問題開始出現，但團隊都能處理。許多困惑與該軟體稍複雜的使用者體驗有關，但是在最少的幫助下，老師仍能夠自己來。團隊做了紀錄，如果確實採用該軟體，則介面上的某些地方會需要再設計。

三個星期後，團隊開始看到課程發布。到了月底，40 位老師中有 30 位已經發布了他們的課程。發布率不及服務人員實驗的高，但遠遠高於不使用影片剪輯軟體的 25％ 發布率。他們認為該實驗是成功的，並且凱倫能夠使用產品形中的資料（如表 18-1 所示），整合成其商業個案提給高階領導團隊。

表 18-1　瑪奎立團隊的產品形

現在狀態	要得知什麼?	下一步	預期	所得
課程發布率25%且第二堂課的比例是10%	老師們在創建課程時面臨的問題是什麼?	使用者研究：20位老師	了解最大的問題	轉換課程困難、輸入內容、音訊選擇、價格建議
課程發布率25%且第二堂課的比例是10%	上傳內容到系統上的最大痛點是什麼?	跟20位老師一起上傳內容到系統上	迎來花費老師最多時間的最大問題	影片剪輯花費老師太多時間
課程發布率25%且第二堂課的比例是10%	是否大多數老師們都有影片剪輯的問題?	調查以測試規模	100位老師中，大多數都有影片剪輯的問題	90%老師說影片剪輯是他們最大的困難，最少需要兩個月以上時間去做
課程發布率25%且第二堂課的比例是10%	如果幫老師拿掉影片剪輯的工作，會使他們發布課程嗎?	服務人員實驗：幫他們處理影片剪輯	14位老師中，有10個課程將會在一個月內出版	12位老師在月底出版了課程，在創建好影片上需要指引
實驗中的課程發布比例是75%，一般人群仍為25%	老師能成功地使用影片剪輯軟體，使我們能擴大規模嗎?	召集40位老師使用布達佩斯公司出的軟體	40位老師中有20位在一個月內出版	40位老師中有30位在一個月內出版

19

建立和最佳化
你的解決方案

「正如你們所知，我們的策略性意圖之一，是在兩年內從個人用戶上收益成長翻倍。」凱倫對瑪奎立的領導團隊說。「我們相信，透過增加網站上關鍵關注領域的內容量，我們可以使獲取率增加一倍，並將現有使用者的保留率提高到 70％，從而使個人使用者的潛在收益每年增加 800 萬美元。克莉絲塔的團隊在我們網站獲取更多內容時發現了一個大問題，剛開始建構課程的老師中，只有 25％實際將第一門課發布到了我們網站，且只有 10％有發布了第二門課程。」

「什麼？這太瘋狂了。我不知道這些數據。太糟糕了！」CEO 克里斯驚呼道。

「是的，這非常令人絕望。」凱倫同意。「主要原因是影片剪輯。我們的老師是行銷的專家，不是影片剪輯的專家。他們花費至少 80 多個小時只是為了嘗試剪輯影片。我們在上個月進行了兩個小實驗來幫助解決此問題，並且透過為老師提供易於使用的影片剪輯軟體，

我們能夠將發布率從 25％ 提高到 75％。我們還看到了一些初步趨勢，表明這些新課程正吸引之前離開的學生。」

「這聽起來非常好。我們必須做什麼才能使大家都達成這一目標？我們可以在所有老師身上執行你在實驗裡所做的嗎？」CTO 問。

「從錢的角度來看，我們無法負擔向所有老師提供授權的費用。投資報酬率不到。另外，如果我們要自行建構這些功能，將需要一年的時間才能發布第一個版本。我們使用的軟體來自布達佩斯的一家公司，而我提議去收購它。然後，我們可以無縫地將技術整合到我們的平台中。如果他們的技術狀況良好，我們將在幾個月後就能推出第一個版本。同時，我們可以找出一種合作關係，在短期內幫助人們。」凱倫說。

「這樣做有什麼風險？」CFO 問。

凱倫說：「我們已經降低了大多數風險。」，「透過先進行實驗，我們能夠確定，如果給予適當工具（例如，這個布達佩斯的軟體），老師們將能自己進行影片編輯，並且真的發布出自己的課程。因此，從老師的角度來看，我們非常確定這是一個值得解決的問題，該解決方案對他們有用。從企業的角度來看，我已經計算了收購該公司的成本，而潛在投資報酬率很高。我們的開發團隊將花費更少的精力，而且我們將能夠更快地將其投放到市場。」

克里斯說：「這可行，而且是一項重要的工作。」，「我想解決這個問題。我們高階領導團隊將再聚，並決定前進的最佳方法。同時，讓我們與位於布達佩斯的這家公司聯繫，看看是否可以建立合作關係，以獲取其產品的批量授權，以供我們的老師使用。如果知道這行得通，那麼不妨讓每個人都使用它。」

兩個月後，瑪奎立團隊向位於布達佩斯的公司提出收購，再一個月後，交易完成。克莉絲塔的團隊展示了將影片簡輯軟體整合到老師平台中的願景。

克莉絲塔對團隊說：「我們的影片簡輯軟體將為老師提供最簡單、最快的方式，為學生創建吸引人的影片。」，「我們讓老師能從自己影片和第三方影片中拼接影片內容、同步外部音訊、查詢並加上背景音樂，並在螢幕畫面上疊加文字。我們還知道，老師將需要一個指南，以幫助他們了解如何做出吸引人的影片 —— 製作時的實用技巧和手法。然後，我們需要一種將最終影片無縫上傳到他們課程中的方法。」

麥特創建了初期客戶旅程和快速原型，以確保老師可以理解如何使用該平台。當團隊將影片軟體的後端整合到瑪奎立系統中時，他對其進行了測試。收到回饋後，團隊再聚以決定從哪裡開始。麥特將克莉絲塔的願景與他的線框結合成一個文件，稱為其「北極星」。

團隊使用了一種稱為故事地圖（*storymapping*）的技巧，其由產品管理老手和顧問 Jeff Patton 創建，以確保他們都了解工作並排序出第一版。然後，他們對工作進行了優先排序，在第一個版本中刪去了一些不太關鍵的部分。

「好吧，看來我們已經為第一個版本做好了工作。」里奇說。「根據我們整合系統要完成的工作，我們應該可以在一個月內做出來。」

「是的，我計算了第一個版本的成功標準。這就是我所列出的：

- 「在一個月內，有 75％正在或開始創建課程的老師採用。」

- 「已發布課程率從 25％增加到至少 60％。」

- 「創建新課程的時間減少，從三個月降到少於一個月。」

「里奇，你可以確保我們可以在第一個版本中衡量這些嗎？」克莉絲塔問。

「當然。」里奇回答。「我們將確保分析都設置好，以便我們可以隨時追蹤這些數據。」

「太好了。」克莉絲塔說。「我將與老師拓展和行銷團隊合作，就我們將如何告知老師並訓練他們使用新產品的方式進行溝通。」

在團隊建構功能時，麥特會與一些選定的老師一起測試螢幕畫面，以確保他們可以使用自己的內容做出來。他們一路上不斷迭代，直到第一版發布。

團隊充滿信心，向老師們推出了其新影片剪輯功能，並等著看他們如何接受。不到一週，可以看到對這功能採用的老師們開始增加。他們定期與老師聯繫，以了解他們如何接受新功能。有一些小問題將在下一個版本中優先處理，不過整體似乎進展順利。

一個月後，克莉絲塔調出數據來跟團隊的成功指標進行比較。她告訴團隊說：「我們的採用率並沒有達到我們需要的水準。」，「在第一個月，只有 60％的老師採用了影片剪輯軟體。採用它的老師有 75％的發布率，超過了我們以前的課程發布率。我們需要弄清楚是什麼阻礙了老師接受我們的新功能。讓我們與上個月未採用它的老師聯繫，並找出原因。」

團隊離開後，我走向克莉絲塔與她交談。「我喜歡妳仍在診斷問題，就像產品形教妳的那樣。」

「這就是我現在想事情的方法！」她說。「我甚至不需要白板，我只是一直在尋找問題以及我需要得知什麼。」

我微笑著說：「這正是它的設計目的。」，「很高興看到團隊的進步。繼續做你們在做的事吧。」

該團隊一直在努力迭代其新影片剪輯功能，直到實現其目標。幾個月後，結果證明了一切。75％的發布率、更快樂的老師，以及已發布第二門課程的增加都證明了這一成功。

產品願景的進化

克莉絲塔的團隊透過產品願景迭代的方式，找到了可規模化、成功的解決方案。正如我在策略部分提到的那樣，它是透過實驗進化而來的。如果團隊很早就跳入所指派的功能上，那麼可能會永遠找不到適合其客戶的解決方案。團隊可能仍會卡在重新設計課程創建工作流程上，這點後來已證明不是最大的問題。

設定產品願景的方向後，重要的是要確保每個人都了解情境和需要完成的工作。故事地圖和「北極星」文件是幫助團隊在願景中找到一致性的兩種方法。

「北極星」文件，以讓整個團隊和公司都能看得見的方式說明了產品，內容包括它正解決的問題、建議的解決方案、對成功很重要的解決方案要素，以及產品將產生的成果。

「北極星」非常適合為廣大受眾提供情境資訊。隨著你對產品的了解更多，它們應該隨著時間被進化。請注意，它不是一個行動計劃──它不包括團隊將如何建構產品。那是故事地圖起作用之處。

故事地圖幫助團隊分解其工作並與目標保持一致。正如 Patton 所說：「其目的是幫助團隊溝通他們的工作、及需要做完什麼以交付價值。」克莉絲塔的團隊使用故事地圖，來思考所有交付成功解決方案所需的因素。包括從使用者角度分解每個所需的動作。

以團隊方式建立所知，可以幫助你更快地開發產品，這意味著可以更快地為客戶帶來價值，你不會想不做這個。在你了解你要往哪個方向後，也可以更輕易地縮小規模回到產品的第 1 個版本。不過，你需要一直從全局（即「北極星」）開始才能做得好。否則，若沒有什麼可以讓你定錨，最終你會把自己引向建構陷阱。

排序工作

要做出第 1 個版本，你需要排序你的工作。正如我前面提到的，排序對大多數產品經理來說都是頭等大事。有許多可以幫助你排序的框架，例如效益地圖、Kano 模型等，但是我最喜歡的是延遲成本。如果你從策略性角度了解所要的成果，則你可以使用延遲成本來幫助你決定什麼要較快推出。

在 Don Reinertsen 的《The Principles of Product Development Flow》（暫譯：產品開發流程的原則）一書中，他談到了延遲成本在排序工作上的重要性，他稱之為應該量化的「一件事」。延遲成本是一個以數字表示的值，描述著時間對你希望實現成果的影響。它結合了緊迫性和價值，因此你可以衡量影響力並排序你應該先做什麼工作。

當你想到建構和發布產品的第一個版本時，你需要考量發布內容的價值和要做出該內容的時間之間的權衡。這是一個最佳化的問題。你希望盡可能在最小範圍，可以在對的時間獲取最大價值。

如果由於發布內容太多而時間等太長，則你會失去你本可以賺到的錢。更糟糕的是，競爭者可能會突襲並搶佔你的市場。然後，你將有更高的進入門檻，並且你的產品將需要比競爭者的產品好很多；另一方面，你不希望發布可怕的東西並提供給使用者極少的利益，只為了儘早推出。這樣一來，你可能會失去早期採用者，在經歷糟糕體驗之後很難挽回他們。

克莉絲塔的小組討論了其第一個版本要包含第三方影片功能的延遲成本。他們決定，因為它不是大多數使用者的關鍵組成，而且這部分需要花一個月時間寫程式，因此產品不應包含這個。更快發布是理想的選擇，因為公司每延遲一週，就代表許多課程將不會被發布。

你可能會想，「但是我如何計算我每個產品的收益？」Ozlem Yuce 和 Joshua J. Arnold 是延遲成本的專家，他們創造出定性方法去評估它，如圖 19-1 所示。

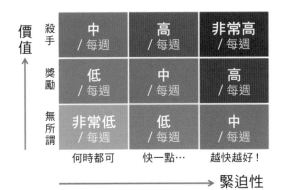

圖 **19-1** 定性延遲成本，由 Joshua Arnold 和 Ozlem Yuce 提出（經 Joshua Arnold 和 Ozlem Yuce 許可轉載）

在這種情況下，你將根據緊迫性和價值來討論每個功能或功能組成。如果緊迫性很高，則代表著你不向客戶推出該功能的每一刻，你都在失去機會去實現目標，例如，如果你每週都在不斷地失去客戶或收益，因你無法滿足一個需要。高價值則是關於解決客戶最大的問題或欲求。

就瑪奎立而言，緊迫性和價值最高的功能，是加上音訊及拼接內容與圖片。這兩者是解決方案的關鍵組成，並且被排序為第一位。其餘的均落在此矩陣的上端附近，除影片拼接外，這功能只有被少數老師使用，而且沒有它，老師們仍然可以創建出好影片。因此，緊迫性和價值較低一點，而沒有把它排入第一版發布。

延遲成本可以幫助停止許多關於什麼應該優先和什麼不應該優先的爭論。如果你想了解更多，請至 Black Swan Farming 網站（http://blackswanfarming.com），閱讀關於如何在你的公司使用這個概念。

重要的是要記住，雖然已發布第一個版本，但事實上你還沒有完成。你仍然需要實現自己的目標。這正是完成的定義登場之處。

真正的「完成的定義」

在敏捷開發中，有一個概念稱為「完成的定義（Definition of Done）」。Scrum 聯盟將其定義為一個「產出軟體所需的有價值活動的清單」[1]。團隊創建其「完成的定義」時，通常是關於發布一個產品所需完成建構的功能。雖然這對於確保團隊完成他所需要做的東西，確實是一個有用的概念，但它對什麼是一個已完成功能，設定了錯誤的期望。

1　Dhaval Panchal, "What is Definition of Done (DoD)?", http://bit.ly/2Rjgh2i.

只有當功能達到其目標時，我們才完成一個功能的開發或迭代。通常，團隊發布第一個版本功能，然後繼續進行下一個，而沒有評估對使用者的成果。正如《Sense ＆ Respond》的作者 Jeff Gothelf 曾說，「第 2 個版本是軟體開發中最大的謊言。」 這種心態總是導向建構陷阱。

相反的，團隊應該像瑪奎立的團隊一樣工作，透過在推出前設置好成功準則，同時進行測量和迭代直到達到準則為止。與其他任何工作一樣，應該將第 1 個版本視為一個假設。而且，如果我們發布了該功能，但它卻沒有讓我們達到目標，則我們需要感到自在地收回它並嘗試其他的方式。

當你設置好推出的成功準則，你可以在產品形中使用它們，並重複本部分我們進行的步驟：用你的成功準則設定方向、了解實現它時遇到什麼問題、 並透過實驗有系統地處理它們。

不管你是要建構新功能或是優化某個功能，過程都是一樣的。較小功能的問題探索時間可能會較新產品的短。解決方案實驗也是如此：它們可能不如瑪奎立所運行的那樣穩健。但是不管怎樣，你應該一直去診斷問題並試著了解如何解決它。

這就是你如何有意圖地建構及擺脫建構陷阱的方式。但是，除了擁有可靠的流程和策略外，你還需要一家支持良好產品管理努力的公司。克莉絲塔的團隊之所以能夠成功，是因為他們的環境讓他們能做到。他們能夠與客戶交談。團隊以成果為導向，然後領導團隊提供了空間，去找出如何實現這些成果。

這些是產品主導型公司的特徵。流程和框架只能讓你在成功的路上。文化、政策和結構才是真正讓公司在產品管理中脫穎而出的要素。

第 V 部分

產品主導型組織

角色
策略
流程
組織

產品主導型組織的特點,是其存在一個根據成果而不是產出去理解
和組成的文化,其中包含一種公司節奏,繞著評估其策略轉,為了
滿足成果。在產品主導型組織中,人們因學習和實現目標而獲得回
報。管理層鼓勵產品團隊去親近客戶,且產品管理被視為促進業務
發展的關鍵功能。

「我們認為 iPhone 將會變得流行 —— 比現在更流行。你們真的應該去研究如何將相機技術整合到手機上。」當我們向柯達（Kodak）團隊說明案例時，我們九位的頭都急切地點著。那是 2008 年，數位攝影正興起很大變化。你們中許多人都知道柯達接下來發生了什麼 —— 這是一個有被好好記載的崩壞的故事。好吧，我實際上在現場，親眼目睹了當組織不計劃去創新時會發生什麼。

在那場會議的一年前，我在康乃爾大學時被選為創新團隊的一員，該團隊與柯達研究實驗室合作去開發一款新產品，希望吸引 20 歲出頭的人們。柯達研究實驗室負責研究成像領域的突破性創新。我們康乃爾大學團隊無懼的領導者正實驗一種新的產品建構方法，其在進行任何建構活動之前先與客戶談話並驗證問題。柯達已準備好應對挑戰。

在 2007 年 1 月 9 日專案啟動的前幾個月，史蒂夫・賈伯斯（Steve Jobs）發布了第一款 iPhone。即使每個人都對在手機上使用網路入迷，柯達還是專注於一裝置上的網路和相機。這是一個危險的組合，對於它的業務而言，有跡象指向崩壞。幾年前，數位相機還是一個新奇事物。你可以隨身攜帶它們以記錄每次聚會或有趣事物。但是，隨著 iPhone 的發布，我們所有人都開始將笨重的數位相機留在家中，而使用手機作為相機。這樣更加方便，且手機可以立即上傳圖像到 Facebook。數位和底片相機的市場，柯達的核心業務，正在萎縮。

這是一個創新或死亡的局面，當時我們還不知道，我的團隊處於這一中心。我們的任務是找到市場真正想要什麼和柯達可以創造什麼的交集。因為我們與公司的其他部門分離，所以我們的創新實驗室沒有障礙去阻止我們大膽思考，我們可以好好地執行此任務，而不必擔心官僚主義或管理層否定我們的想法。但這也使我們對柯達其

他領域一無所知。我們根本不知道我們的工作如何適應公司整體策略。

我們之所以針對青少年和二十多歲的人們，是因為他們比其他年齡組的人們更容易採用新技術。即時通訊和 Facebook 領導著這一大趨勢，大學生們都像感恩節晚餐那樣大口吞食完全部。鑑於這些技術如此新，我們看到了解決未滿足需求的機會。

市場驅動的創新，是我們創造出用來說明我們過程的用語。在接下來的幾個月中，我們訪談這個年齡群的使用者，同時一直為柯達尋找創新機會。我們特別感興趣的地方，是我們的目標市場如何平衡現實生活互動與新科技社交能力。我們組織了研究小組，並進行一對一談話，以了解行為模式、關心的事和需求。我們將自己沉浸在他們的問題裡。

趨勢開始迅速出現在我們的訪談中。雖然我們的目標使用者群，通常沉迷於在 Facebook 上分享資訊，但人們越來越關心誰會真的看到此資訊。技術正在迅速發展，其後果（如何影響現實生活）仍然未知。雇主會看到我在星期六晚上醉倒在一輛停著的車上嗎？沒有人知道。

另一個需求是控制，以讓使用者能向世界展示自己最好的一面。我們經常聽到這樣的話：「我想編輯我的照片並使它們看起來更好，然後再將它們放到網上。」人們正請他們很會 Photoshop 的朋友為他們編輯內容。我們還聽到了對高品質影像的請求。人們會說：「我想要手機上有更好的相機。」、「我希望它的品質跟我的數位相機一樣，所以我可以把相機留在家裡。」

在需要控制、照片編輯功能和更好的相機技術之間，我們覺得我們已經為柯達找到了要解決問題的完美組合。這是在他們的領域，且人們已準備好，我們對調查發現充滿信心，因此將其報告給管理團隊。

我們告訴他們：「你們應該真正去研究如何整合你們的相機技術到手機上。」我們繼續敘說公司應該探索照片編輯功能。柯達已經在桌上型電腦做了編輯軟體，但是我們建議直接在手機上做一個簡單的照片編輯功能，我們認為這會讓人們感到震憾。加入即時分享照片的功能，你們正看向一個巨大的機會。人們可以使用位置對照片進行地理標記，適當地安排它們，並控制誰可以看到它們。

然後，我們建議柯達採用以下兩種方式之一進行：製造自己的手機並與 Apple 和 BlackBerry 競爭，或者直接將技術提供給既有的手機製造商。我們那天離開柯達，感覺推了他們很大一把，我們傳達了即將到來的機會以及緊迫性，這不僅是要幫助柯達，實際上我們也很想要我們所提議的產品。我們對此提議產品的需要，就像被我們訪談的人一樣多。

好吧，我們的提議現在已經成為現實。在分享照片之前，你可以快速且輕易地編輯照片。手機相機現在是如此高科技，以至於沒有人再使用數位相機。你可以對照片進行地理標記，且你可以控制誰可以看到什麼貼文照片。但是，並不是柯達公司提供了這些功能，是 Instagram、Apple、Android 和 Facebook。那麼，那次會議之後發生了什麼？

我們僅在柯達 2012 年申請破產之前聽到過一次消息。說它仍在尋找一個團隊和預算來進行該專案。當時我還不知道，但是在接下來的十年中，我在許多不同的公司一次又一次看到這種模式。

柯達有嘗試在創新上跨了一步，但其組織阻止了它這樣做。該公司是消極的而不是策略性的，去回應一個威脅耽擱太久。透過在創新實驗室分隔出一個小團隊，它也沒有指派足夠的人去思考企業的未來。

即使我們團隊採用對的方法來實踐產品管理的發現過程，但我們處於穀倉，被分隔到一個創新中心，而沒有足夠的資源來好好執行我們發現的東西。柯達必須在年度審核期間設法弄到新預算，才能將我們的任一項計劃付諸實行，而這無法在六個月內做到。在 2000 年代初期出現的快速創新世界中，它的組織體制沒有為成功設置好。

許多公司都會面臨危機變成像柯達一樣，但是這命運透過採用產品主導的思維可以避免。在整本書中，我列出了什麼是良好產品管理實務所必需的。我們已經討論過，有對的人擔任對的角色，以及用良好產品策略支持他們的重要性。然後，我們深入探討產品管理流程如何能發現機會以實現該策略。

然而，僅只有流程，不足以使你擺脫建構陷阱。正如我們在柯達例子看到的那樣，你可以努力了解你的客戶並進行良好研究，但是，如果沒有組織來維持它，那麼努力就太少了、太遲了。為了真正擺脫建構陷阱，你需要在心態和實務上，都成為產品主導型組織。本部分將深入探討你組織中將需要改變的關鍵組成部分，例如溝通、文化、政策和獎勵。

20

聚焦成果的溝通

在下一季的業務回顧會議中，凱倫談到了團隊所完成的成績。

「在本季，我們推出影片編輯軟體，並在我們的網站上有 150 個新課程上線，都是我們使用者感興趣的關鍵領域。自這些課程推出以來，我們已看到獲取率從 15％提高到 25％，而保留率則上升到 60％。我們在朝著實現目標的方向很好地邁進。在其他團隊對此策略性意圖的共同努力下，我們將提早實現我們的目標，在一年半的時間內。」

高階領導團隊對工作成績刮目相看。在過去的一年中，這家公司發生了很多變化，並且開始看到好處。

一年以前，瑪奎立還是一家陷入建構陷阱公司的經典例子。它是專案導向的，團隊忙著處理 CEO 排序優先的東西。該組織中沒有產品經理。團隊從未跟客戶談話，並因發布成品軟體而獲得獎勵。這些特性開始不見，並被以客戶為中心和以成果為導向的思維所取代。公司還沒有完成成為產品主導型組織的旅程，但是進展順利。CEO克里斯非常高興看到這個進展。

當我們在每季業務審查會議之後會面時，他告訴我：「這真是太神奇了。」，「我不知道要期待什麼，但是我絕對可以看到進展。我們之前如此艱難，我知道仍有很多問題待解決，但我了解了這種工作方式為什麼對我們有意義。」

「你們一整個組織一起茁壯成長。」我告訴克里斯。「許多公司都無法達到你們轉型的進程，但是你們有正確的骨架。包括你在內的高階領導團隊都了解成果。你們了解看到結果的意義，而且你們能看到整個組織策略一致好處。這通常就是公司陷入建構陷阱的地方。他們沒有足夠耐心看到成果出現，所以他們透過發布的功能數量來衡量進度。」

他說：「我不想說謊。」，「我當時有點煩躁，但是那些進展審查會議很有幫助。我認為我們需要更頻繁地進行這種會議，因此我們能對公司的成果和活動有良好的透明度。」

我說：「這絕對是我們可以做的事情。」，「我們可以調整節奏一致，以便成果在對的層級、對的人員、在一定的時間被討論。我們還將有更標準化的地圖，以便每個人都能看到進度和準備狀況。」

如果要我說公司無法轉變的一個主要的原因，那就是缺乏領導層買單，以往成果導向前進。領導者都說他們想獲得結果，但是，到頭來，他們仍然用功能發布量來衡量成功與否。為什麼？無論是在領導層級還是團隊層級，看到事情有進展都會令人感到非常滿意。人們想要感覺自己完成了事情。把完成事項打勾的感覺很好，但是我們需要記住，這不是成功的唯一衡量標準。因此，我們需要其他方式來幫助我們溝通和討論不同層級的進度。

如果克里斯沒有參加審查會議，他就會很焦躁，因為他不能以一種對他有意義的方式，更深入看到我們完成了什麼。大多數領導層就像克里斯一樣，因此，很重要的是要有一個溝通的節奏，可展示組織各個層級的進度，根據每個特定受眾調整。

節奏與溝通

組織中的可見度絕對是關鍵。領導者越了解團隊的狀況，他們越會退後一步讓團隊去執行。還記得第 11 章中的策略性差距嗎？你越努力隱藏自己的進度，則知識差距就越大。領導者將需要更多資訊，並會限制你的探索自由。如果你保持事情透明，那麼你將擁有更多自由得以自主。

許多公司退回不良習慣，因為他們還沒有找出如何在整個公司中、以成果形式，一致地溝通進度。當領導者看不到實現目標的進度時，他們會迅速採用他們的舊方法。

我們需要一個溝通策略的節奏，與我們的策略性框架相匹配的。想一想我們的四個策略層級：願景、策略性意圖、產品提案和選項。每一個的時間長短不同，而它們的進度應該被進行相應的溝通。

與我合作過的大多數公司都有一些核心會議，以評估進度並從產品層級做出策略性決策：

- 每季業務回顧

- 產品提案審核

- 發布審核

在每季業務回顧會議上，由執行長層和組織最高層組成的高階領導團隊，應討論實現策略性意圖和財務成果的進度。這包括審核該季的收入、客戶流失、以及與開發或營運相關的成本。CPO 及其產品副總負責溝通，產品提案的成果如何促進策略性意圖，就像凱倫在瑪奎立所做的那樣。當舊的策略性意圖即將完成時，新策略性意圖可以在該會議中提出。會議中不去排序新產品提案或深入細節，那是產品提案審核的目的。

產品提案審核是另一個季會議，可與每季業務回顧錯開進行。這個會議是針對產品開發相關的 ── CPO、CTO、設計主管、產品 VP 和產品經理。在會議中，我們根據產品提案審核選項的進度，並相應地調整我們的策略。產品經理可以在會議中談論初步實驗、研究或第一版發行的結果，因為它們與總體目標相關。新的產品提案可以在本會議中提出，以獲取回饋和贊同，及產品開發領導群的資助。產品團隊可以要求更多資金來建構第一版或最佳化現有解決方案。

發布審核提供機會給團隊去展示他們所做的辛苦工作和談論成功指標。這會議應該每月一次，在功能發布前，以展示即將發布的內容。在這會議期間，我們應該只溝通將要發布的內容，不是要進行的實驗或研究。儘管不是必需的，但是大多數主管喜歡參加這種會議，以了解什麼將要發布給客戶。這也是團隊內部溝通地圖的地方，以便讓行銷、銷售和執行長層團隊知道。

重要的是要注意，並不是所有的決定都會在這些會議中發生。應該將它們視為指出進度並提出任何應進行調查的示警信號的方法。決策通常在會議之後發生，當某事需要行動時出現。

地圖（Roadmaps）和銷售團隊

如果不提及地圖就談不上溝通。每當我說「地圖／藍圖／路線圖（Roadmaps）」時，產品經理就會本能地瑟縮。公司與地圖對抗，是因為過去他們用甘特圖來做，而這些圖基本上只說：「我們將在 1 月 18 日交付此功能，而我們將在 3 月 20 日交付此功能。」許多的地圖都已經向客戶承諾了，它們已被固定，無法更改。當你意識到自己的承諾過高和交付不足時，這會給你帶來麻煩。

你不應將地圖視為一個甘特圖，而應將地圖視為對策略和產品當前階段的說明。這結合了策略目標、工作主題和產生的產品交付物。為此，產品地圖應不斷被更新，尤其是在團隊層級。這就是為什麼，在 Produx Labs，我們稱它們為動態地圖。

地圖並非一式通用的。你需要用不同方式溝通它們，取決於你是在內部與你的團隊討論不確定性，還是在與銷售團隊討論可以向客戶溝通的功能。你應該設計自己的溝通方式以配合你的受眾。

關於決定如何做好一個地圖有一個很好的資源，是 C. Todd Lombardo 和 Bruce McCarthy 的書《Product Roadmaps Relaunched》。這是本有關如何為你公司建立好地圖的深入、實用的指南。

通常，我們的地圖包含幾個關鍵部分：

- 主題

- 假設

- 目標和成功指標

- 開發階段

- 任何重要的里程碑

我建議你公司對某些用語一致，以定出開發階段，以便每個人都了解哪些活動正在發生。我們使用以下四個階段：

實驗階段

這個階段是要了解問題並決定它是否值得去解決。在此階段中的團隊正進行問題探索和解決方案探索活動。沒有創建任何待測程式碼。

Alpha 階段

此階段將決定解決方案是否是客戶想要的。這是一個最小功能集或一個穩健的解決方案實驗，有建構待測程式碼，且只為了一小部分使用者而存在。這些使用者知道他們是搶先體驗一個功能，如果它無法解決其問題，則這功能可能會被更改或終止。

Beta 階段

此階段決定解決方案是否可規模化，從技術角度來看。雖然並非總是需要，但這階段的好處是降低風險。與 Alpha 階段相比，此版本供給更多客戶體驗，但由於我們仍在測試中，因此仍只是整個母體的一小部分。至此，我們已經證明該解決方案是客戶想要的，因此除非它在技術上不穩定，否則該功能不太可能被終止。

一般可用 (*GA*) 階段

此階段代表該解決方案可廣泛給所有客戶使用。銷售團隊可以公開談 GA 產品，並可以向目標市場盡可能地銷售。

把用語一致不僅有助於與領導者溝通，還可以幫助企業的其他部門，建構不良的地圖是產品與銷售團隊之間關係緊張的根源。如果每次產品經理告訴我他們討厭其銷售團隊時，都給我五毛錢，那我就不用寫這本書了——我可以在南太平洋買一個小島，在那裡我可以一整天喝椰子汁。可惜抱怨不能換成真的錢。

儘管溝通進度可能很可怕，但鑑於軟體開發易變的天性，這也是必要的。產品管理使銷售策略成為可能。正如我在本書第一部分提到的那樣，以銷售主導型的組織很危險，因為它可能導致缺乏對策略上的一致性。但是銷售仍然需要有東西去賣。建立可以傳達給客戶的工作協議和地圖，是產品和銷售之間建立良好關係的關鍵。你可以與銷售團隊達成協議，將任何作為 GA 要發布的內容（或接下來 Beta 會有的內容）加到其銷售地圖中。

良好的溝通（以工作協議、會議節奏和地圖的形式），可以解決公司中的許多一致性問題。它特別有助於將公司從銷售主導轉變為產品主導。但是要將所有這些放在一起需要很大的工作量。這就是為什麼你需要一個產品營運團隊的原因。

產品營運

如果公司僅由少數幾個產品團隊組成，要追蹤發生什麼事情是很容易的。領導者可以走到產品經理面前，去了解目標實現的進度。流程通常在團隊層級決定。協調不是一個大問題。

但是，隨著產品團隊擴展成為更多個團隊，追蹤進度、目標和流程成為一個挑戰。這就是克里斯所說關於無法看到進度的挫敗感。展開策略和目標、了解實驗的成功，以及報告進度，對瑪奎立的產品

負責人來說工作太多。他們需要專注於產品的開發，而營運工作越來越多的不能應付。

為了幫助分散工作，我們最終建立了一個產品營運團隊，由向 CPO 報告的幕僚主管運作。幕僚主管創建了一個非常小的團隊（兩個人），來幫助她簡化運作和報告。他們管理策略的節奏、找到一個分析合作夥伴來準備追蹤，並收集並組織實現目標的進度到給執行長層的報告中。這使產品人員可以專注於自己擅長的方面，而產品營運團隊則透過這些報告呈現，幫助他們做出有根據的決策。

在大型組織中，你需要同樣的事情，但是規模較大。我們稱這個團隊為產品營運。在成長階段的公司中，由幕僚主管（在 CPO 之下，同瑪奎立的例子）負責運行。在大型組織中，產品營運團隊仍報告給 CPO，但需要是有經驗的領導者，通常是 VP 層級的來管理這個團隊。此團隊負責簡化所有營運和流程工作，這是產品團隊成功所需的。這包括：

- 建立自動化且精簡化方法，來收集整個團隊中實現目標和成果的進度資料。

- 報告整個產品組織的目標、成果、地圖、進度、生產力和成本，將這些活動轉為財務含意，提供給公司高階管理者。

- 設置和維護產品分析平台，以報告整個組織的產品互動指標。

- 標準化整個團隊的產品流程，例如策略節奏、實驗追蹤和回饋、產品功能文件、資料收集、目標設定、創建和維護地圖、以及銷售賦能。

- 安排和進行策略建立、策略展開和發布的關鍵產品會議。

- 對產品團隊進行任何指導或訓練。

這個團隊的目的，不是要規定團隊成員如何一起工作去建構產品，而是要為工作的輸入和輸出創建準則。例如，他們不是為團隊創建產品地圖。他們是在為團隊創建一個系統和範本，讓團隊輸入他們的目標、主題、進度和詳細資訊，然後可以在組織內分享這些資訊。他們並沒有規定團隊是否可與使用者交談。他們是在創建系統，幫助團隊找出以哪些使用者為實驗目標。

產品營運團隊應由專案經理和產品人員組成。最好也分配一些開發人員在這個團隊，以便他們可以在需要時與第三方整合，或建構適合特定目的的客製工具。

在與我合作的一家公司，我們建立了產品營運團隊，其有超過 350 個 Scrum 團隊。在那之前，他們還沒有關於發布或測試的標準，更不用說制定目標了。CPO 很沮喪，因為沒有對的資訊去做出產品組合的決策而感到無力。

當我們組成這個團隊時，我告訴新的產品營運副總：「你的成功是要使你的團隊自動化。」作為產品經理，她了解這不會是一個規模很大的團隊，這是一個致力於自動化、簡化和優化的效率引擎。由於在這一領域需要做大量工作，雖然團隊可能永遠存在，但是團隊不應大於所需的規模。

產品營運團隊是大型經營良好產品組織的關鍵組成。它促進了組織的良好溝通和一致。但是，僅憑這些並不能自動在整個公司產生產品心態。就成果去報告可以開始改變行為，但是經常，我看到公司有進步但最後碰壁了。那是因為他們經常改變他們的流程，同時又繼續獎勵人們舊的工作方式。

21

獎勵和激勵

獎勵和激勵是每家公司員工的動力。對於那些試圖轉變成產品主導型的公司，我看到的最大問題，是他們沒有評估當前的獎勵結構，以確保激勵了他們對的行為。

我與一家公司工作時，在該公司中，每個人的獎金都是根據企業記分卡支付的。每年公司都會進行年度計劃、決定要完成的東西，把它加到計分卡，然後分配人員去做。計分卡大部分由要交付的項目組成，而不是要達到的目標組成。

當我第一次訪談產品主管關於他們如何被衡量是否成功時，他們都笑了。「你想知道我們在十二月在做什麼嗎？我們停止正在做的一切，並查看計分卡。如果我們還沒有交付上面的項目，即使它們確實不像我們一年前所想的那麼重要，但是我們依然開始建構所有可以滿足這些要求的東西。Melissa，我們確實會發行出我們在時間內可建構出的所有東西，以完成該項目。一月到來，我們花所有的時間整理掉那些草率的程式碼。但是，嘿，我們三月份都會得到獎金。」

基本上，每個人都在一年中浪費一個月，只是為了實現這些目標，以便他得到獎金，而這是他們薪水中很大的一部分。真是災難。

我聽產品經理說「目標是什麼不重要。我們就是必須交付出這個功能。」的次數，多到會嚇壞你。他們也是好的產品經理，他們想建構出好的產品——他們只是不相信自己可以在當前的環境中做到這一點。他們被公司政策迫使而進入建構陷阱，即使他們知道那是錯誤的建構方法。

將生計與你交付產品這一事實綁在一起，而不是為客戶學習或解決問題，是使人們陷入建構陷阱的根本原因。這也意味著人們害怕嘗試任何新事物。這種心態扼殺了創新。即使許多人正尋求訓練並且願意用好的產品管理原則做事，但他們擔心這樣做會讓他們賺不到錢。如果在大公司轉型時，我們要讓人們對新工作方式負責，那麼為什麼我們要用過時的方法來評斷他們的成功呢？

鑑於通常是執行長層和組織領導者制定出激勵規則，很容易認為這不是產品經理可控制的，但這可能不完全對。我對人們的建議是抵抗。我知道這很嚇人，但也可以很有效。曾經有一位產品經理在研討會中參加了一場我的工作坊。最後，她上前跟我說，她認為自己正在建構錯的東西：「我想和老闆談談這件事，但是我很害怕。我基本上是把自己推向失去這個工作，因為我說我負責的產品不是要建構的對的產品。我全部的獎金都與發行這個東西有關。」

我們針對她組織的政策討論了行動計劃的所有細節，然後她回去向她老闆提了這件事。她解釋說，她已經分析了該部門的策略，且她擁有的初步資料表明，他們正建構的產品不是一個好主意。她的老闆聽了後，同意她的想法。他們設計出如何在兩個月內終止該產品。他最終將她轉到了更重要的產品上，並晉升了她——一個雙贏的局面。

如果你資歷不夠，即便很難去改變許多政策，你仍然可以嘗試改變那些能將這訊息傳達入較高管理層的人們的想法，這可以開啟對的對話。與你的老闆討論成功真正的意義，定義出你知道何時你將完成的指標。使用此框架在討論中觸發對話。並始終有數據支持。

獎勵和激勵不僅影響產品團隊的行動，還影響著組織的其他部門。一個顯著的部門是銷售。大多數銷售團隊要對銷售負責 —— 簽訂合約並帶來收入。許多團隊為了佣金而過度承諾，因為佣金通常是他們薪水中的很大一部分。

我曾在一個團隊中工作，其銷售部門在地圖上超售太多，以至於我們在開發上落後了兩年。客戶很生氣，我們的客戶流失率很高。我還看到銷售團隊針對不對的客戶銷售以做出績效，這些顧客很快就離開了。我們仍然想激勵銷售團隊去繼續銷售，但調整他們的薪水組成，使他們的生計不會過分依賴佣金，幫助降低這種風險。將保留數與他們的成功指標連結，也可以幫助確保他們以對的人員為目標。

如果你是一家公司的領導者，那麼該是重新評估你如何激勵員工的時候了。你應該獎勵推動業務發展的人們 —— 實現成果、了解使用者並找到對的商機。除此之外，其他的都只是虛榮指標。

22

安全與學習

除了阻止人們進行創新的獎勵結構外，組織的文化也起著重要作用。你可能沒有僅根據輸出來判斷團隊是否成功，但是他們可能仍然不願意嘗試新事物。為什麼？組織中可能沒有足夠的安全去失敗和學習。

瑪奎立之所以成功，是因為 CEO 和領導者在團隊進行實驗時後退，即使這使他們有些緊張。產品經理需要組織一定程度的信任，才能有空間探索不同的選項。為了真正挑戰極限，團隊將必須嘗試一些看起來瘋狂的東西。這可能不是你最初想到的解決方案，並且團隊可能在一開始並沒有所有答案，但是如果他們不被允許探索這些奇怪的路，他們將永遠不會推動現狀。現狀是安全的。現狀使你無法創新。

這並不表示我們應該以壯麗的方式失敗。隨著精實創業的興起，我們開始關注成果，是的，但是我們也開始慶祝失敗。我想在這裡明白地說：如果失敗又沒有學到，那不是成功。學習應該是每個產品主導型組織的核心。它應該是驅動我們組織的東西。

最好是以較早、較小的方式失敗，並去學習什麼將能成功，而不是花費所有的時間和金錢然後公開地大失敗。這就是為什麼我們在產品管理中，要有問題和解決方案探索 —— 都是為了降低在市場上失敗的風險。

現在，有時，我們會以最壯麗的方式失敗。我們如何應對這些情況確實決定了我們的公司文化。我很愛 Netflix 試圖分拆成兩家公司的故事：Netflix 試圖在 2011 年將其 DVD 業務拆分成立 Qwikster 新公司，這是市場的大災難。人們非常生氣，取消了訂閱並撰寫嚴厲批評的文章。許多文章抨擊了 Netflix，並稱這場失敗將是公司的終結。Netflix 回應了，迅速撤消了更改。

這場失敗，許多人認為 Netflix 無法從中恢復，但看看這家公司的現在。CEO 曾道歉，並說明其做出的選擇並非其策略核心，並表示它將重回其根源，即透過出色的隨選娛樂滿足客戶。該公司自己重新站起來並繼續前進。且它從未因這經驗而扼殺創新。幾年過去了，Netflix 正在製作自己的電視節目，又是一個大型實驗。訊息很響亮明確 ——Netflix 是一個安全、有創造力的地方，它突破了界限。

許多公司都在談論，他們如何想讓自己的員工有創造力、以及他們如何想去創建瘋狂的新產品，但重點是他們必須讓員工知道，為了創新而失敗是安全的。如果你的公司沒有去建構安全環境，那麼你的產品經理將不願意嘗試新事物。沒有人會。

公司喜歡談論風險管理。但諷刺的是，實驗是終極的風險管理策略，因為當你進行早期實驗時，你可以防止你之後將花費數十億美元的失敗。Netflix 原本可以用 Qwikster 試水。但相反的，它對還未驗證的想法全力以赴。該公司很幸運，能夠立即獲得回饋並改變路線，但不是每家公司都能如此。

有如此多的公司悠悠地失敗了。他們發布產品，從不衡量這些產品是否有任何作用。他們只是讓它們在那裡，讓無限的功能在不對的地方積塵，永遠不知道自己是否正在創造價值。這是種更危險、更昂貴的失敗方式。花 10 年的時間來失敗、慢慢消耗金錢、也沒到達任何地方，這比在途中允許較小失敗更成問題。

相反地，如果你採用好的產品心態，並賦予人們失敗的自由，那麼你要做的就是讓他們以快速、不張揚、較低成本去失敗，因為他們提早測試。這就是你要鼓勵的失敗類型。這就是我們可以從中恢復的失敗類型。

理想情況下，產品經理應該是緩解風險的人，他們會說：「嘿，我想我們能做的最昂貴的事情，就是建構此產品時不知道它是否是對的產品。我如何測試它並確保它確實是我們想要的？在我為此投入資金之前，我如何讓自己更有信心，我們是走在對的路上？」給人們空間去做它的領導者，可以看到最佳結果，並避免了建構陷阱。

告訴人們操作的範圍界限也是領導者的工作。領導者可以說：「好的，你可以進行實驗，但你只能在該實驗上花費 10 萬美元。我們不想投資更多。當你知道結果如何後再跟我們報告，然後我們可能可以考慮投資更多的錢。」

有很多不同的方法來創建界限。我經常建議的一種方法，是將你的使用者群依照 Alpha 和 Beta 測試劃分，就像我在溝通章節中提到的那樣。這表示，與其向所有人發布產品，不如從一小部分具代表性的人群開始，向他們學習，然後隨著你感到更加自信時再擴展到更多的人。這種方法減少了一般推出所需的公眾注意，並讓你在產品不起作用時，有轉返空間。

對於每一個領導者和產品經理而言，第一個實驗始終是最可怕的。我建議產品經理要去討論界限，讓它不那麼可怕。向你的老闆說明實驗可能的影響。你將如何減輕風險？你如何省錢？

我做的第一個實驗，是在我之前提到的名流電子商務公司進行的。CEO 有一個很好的想法，是讓我們名流賣家的個性融入我們產品的行銷。執行方式仍有待討論。第一個想法是在我們的首頁上應用類似 Twitter 的介面，這意味著名流們可以在那裡發布有關他們喜歡東西的訊息。我決定進行一個實驗，以查看這個想法是否有助於增加銷售。

我們花了兩天建構一個簡單的方法，來測試這些頁面上的訊息是否有效。我們僅在一小部分使用者（足以產生真實資料的）身上測試了該功能。在一週後，我們發現我們根本沒有增加銷售。我們轉向並嘗試不同的方法，使用電子郵件與粉絲進行交流。這使銷售增加了三倍！我計算出完全執行原始想法會需要多少成本，並將其與第二個想法的成本進行比較。我回到了 CEO 那裡，並說明：「採用另一種方式，我們節省了 25 萬美元，並增加了三倍的銷售。」他欣喜若狂！我們不僅省了一大筆錢，而且多次實現了目標。

透過以小型方法證明這種工作方式的重要性，我能夠從組織中獲得贊同，並得到我所需的安全。並不是我所有的實驗都成功了，但透過去溝通該方法如何幫助我們降低最終選擇的解決方案的風險，我的組織信任我繼續前進。

如果你是產品經理，請思考如何改變你給老闆的訊息，並透過這種方法獲取信任。如果你是管理者，則應對可能性持開放態度，新工作方式也可能很有益，並準備好幫助你的產品經理建立界限，而不是對他們說不。而且，最後，如果你是執行長層，請思考一下你如何為人們的學習，創造安全的空間。

23

預算編制

導致組織中有產出大於成果的心態的因素之一，是他們編預算的方式。一家全球金融服務公司的 CTO 曾經向我徵求意見。當他在組織中調整排序時，他意識到公司面臨的許多問題，是預算編制方式的結果。

他向我說明：「每年，我們進入一個年度計劃週期。組織的管理者詢問所有副總他們計劃交付什麼。他們讓產品經理撰寫商業案例，然後選擇哪些獲得資金。這些商業案例幾乎沒有數據資料基礎，且很多都過分高估。他們將所有這些商業案例變成了該年度的大型地圖，將其分發給每個團隊，並提供資金給各專案。到了年底，如果他們不交付出地圖上的東西，那麼明年他們就不會獲得太多的資金。」

「你知道這意味著什麼，Melissa ？」他問我。「這意味著，即使團隊找到一種便宜地建構產品的方法，或者發現根本不應該建構該產品，他們還是依照原計畫建構它，因為如果他們不花完所有的錢，他們將受到懲罰。」

這，真，瘋狂。由於這些預算每年都要完成一次，因此，這實際上也終止了團隊在年中改變路線的能力。該組織正在阻止自己快速學習和迭代。

把為產品開發提供資金，看成像創投（VC）注資一樣是較明智的。新創企業必須向投資者宣傳其願景和所收集的資料，以證明該願景在市場上是可行的和可盈利的。他們去找創投說：「這就是我們現在達成的。這些是我們接下來的目標。我們需要這樣的錢才能實現這些目標。」創投給公司的投資，幫助他們達到下一個階段，直到他們開始盈利。但是，如果由於某種原因，該公司無法達到下一個階段，那麼資金就會停止，並最終分配給可以使創投獲得投資回報的另一家公司。

產品主導型的公司，根據其產品組合分布和工作階段，對工作進行投資和編預算。這意味著適當的資金會被分配到各產品線中所知的已知和準備好要建構的東西上，而這意味著留出部分資金，來投資能推動你經營模式前進的新機會發現活動。然後，他們會分配越來越多的資金去培育驗證後的機會。

因此，例如，如果一個團隊正在嘗試建立新產品線，作為企業產生新收入流的方式，則它可能要求 50,000 美元才能開始並探索這個新領域，來看看他們是否在對的路上。在他們證明有這個市場、並展示它將成功的資料之後，團隊可能要求 25 萬美元進行更多的探索或開始產品開發。他們探索、了解並找出可行方案，然後在接下來的六個月中，他們可能會建構一個小型版本，以開始在使用者面前展示。如果人們採用該產品，那麼團隊就能回去並要求提供更多以百萬計的資金，以擴展規模並資助其發展產品線所需。

這是瑪奎立最大的轉變。該公司必須打破其每年一次編預算的舊方法。相反地，它將資金分配到整個產品組合中。然後，它使用產品提案審核來決定什麼產品應被提供資金，基於達成成果的確定性多寡。

並非所有投資都是從很小額開始。根據機會和你擁有的數據量，你可能一開始想要更多的資金來做。但重點是，所有預算都應與將產品推向下一階段連結。這是使團隊集中精力同時又確保你沒有超支的一種有效方法。

24

以客戶為中心

在一個組織中，有對的溝通、獎勵、激勵、預算、政策和安全都是非常重要的，但是還有一件事才能使你真正地以產品為主導。除了獎勵和促進學習的文化外，你還需要一種聚焦於客戶的文化。現今的許多頂尖公司，例如 Amazon、Netflix、Zappos、Dollar Shave Club 和 Disney，都透過聚焦於客戶來達到自己的地位。你可以在高階管理者談論和對待客戶的方式中看到這種態度。

關於 Amazon 如何成功的，貝佐斯（Jeff Bezos）最著名的一句話是：「最重要的一件事就是著迷於聚焦在客戶身上，我們的目標是成為地球上最以客戶為中心的公司。」這個方法真正定義了 Amazon 所做的一切，並且得到了回報。它使人們在 Amazon 上更容易購物和找到他們所需的東西，提供免費兩天送達並獲得很多娛樂，將其 Prime 會員人數從 2012 年的 2,500 萬成長到 2018 年的 1 億多。

這就是以客戶為中心的核心所在，即讓自己以客戶角度思考，然後問：「什麼會使我的客戶滿意並推動我們的業務發展？」在本書的開頭，我們談到了產品管理是一種價值交換。以客戶為中心可以使你找出什麼產品和服務將滿足在客戶端的這一價值。

另一家了解以客戶為中心的重要性的公司是 John Deere，是一家位於愛荷華州的農業技術公司。當我訪談該公司的一位產品經理 Kevin Seidl 時，他說，John Deere 鼓勵他的團隊積極地去見它的客戶。「他們知道，如果雇用了軟體工程師，這些人不是農場專家。所有開發人員都來自城市地區，且不知道你要種植的玉米類型是有不同的。因此，他們鼓勵我們走出去，看看我們的農家在現實生活中工作。」

John Deere 把他的員工送到一個功能齊全的農場，該農場距離辦公室只有幾英里。這是一個真正的、運作中的農場，人們在決定購買前可以來這裡試試設備。工程師和產品經理也都去那裡，以了解有關農場的更多資訊。John Deere 的組織中也有一些員工以務農為娛樂。許多軟體團隊星期五都會來這裡幫忙他們收成作物。

但是，John Deere 對這種工作方式的承諾，在艱難時刻可見一斑。Seidl 說，即使在公司經濟困難時期，也始終允許他拜訪客戶。

這就是以客戶為中心的意義：知道你創造好產品能做的最重要的事情，就是深刻地了解你的客戶。這也是產品主導的意義的核心。

你可以聚焦於成果而不是產出、讓對的人擔任對的角色、按照動機去創建一個好的策略展開流程、確保你有對的結構和政策，而做完這些仍不能跳脫建構陷阱。那是因為跳脫它不只是跟隨動機 —— 這是整個組織的變革。

25

瑪奎立：
一間產品主導型公司

瑪奎立花了幾年時間才完全跳脫了建構陷阱。它的許多員工長期以來一直以一種輸出心態工作。這些人最初並不相信這種新的工作方式，但是由於在接下來的幾年中開始產生全部效果，因此很難與事實爭辯。瑪奎立能夠實現其策略性意圖，增加了在企業和個人市場中的收入，這導致它被一家較大的教育公司以巨額資金收購。

該公司繼續以滾動方式排序其策略，直到實現其目標。年度預算和策略制定的人為時限消失了。取而代之的是，該公司採取一種投資心態的方法，每年編列預算給成長中的策略，同時為產品團隊已經實驗和研究驗證過的提案提供資金。瑪奎立最終終止了很多初期想法。這使它聚焦在實現其目標真正重要的事情上。

瑪奎立之所以成功，是因為它有一位領導者，他知道變革始於他。克里斯知道，如果他不採用以成果為導向的思維、以客戶為中心、及對不確定感到自在，那麼他的組織中就沒有其他人會這樣做了。「如果我不願意改變，我怎麼可能期望組織中的其他人改變？」他很早就告訴我。

儘管一開始他很難適應，但他堅持不懈，因為他深信成為產品主導型將實現的東西。公司在這些轉型中犯下的最大錯誤之一，就是讓領導層認為，改變是大家的工作而不是自己的工作。我向克里斯說明了我看過一些重大轉型如何失敗的，因為他們把轉型的責任下放。他聽進去了。

他請來 CPO 珍等聰明的產品領導者，然後信任他的團隊去實現成果。他們請來更多的資深產品人員來訓練初階產品人員。克莉絲塔和她的團隊成為了一個早期成功的故事，並在整個組織中分享並講述給新員工，以便他們了解自己可以跳出框框思考。

克莉絲塔在瑪奎立中晉升很快。公司被收購後，她最終被升為產品副總，負責在較大教育公司探索新的業務領域。將她的實驗思維帶入更大的公司並不容易，但是隨著資歷，帶來更多機會和職權去改變人們對建構產品的看法。

瑪奎立團隊能夠跳脫建構陷阱，是因為他們實行了以客戶為中心的產品管理部門、用對的策略支持他們，然後使他們能夠在安全和政策下進行實驗以促進學習。透過專注於成果而不是輸出，它能夠真正實現它們。

跳脫建構陷阱是可能的，但是這需要花時間和精力。這不是你一年內可以輕鬆達成的事情。它不僅需要你改變你的工作方式，還需要你改變對組織的想法。它需要組織中每個人的參與，從執行長層的領導者到團隊中的產品經理。讀這本書是你的第一步，建立功能完善的產品組織將是你的第一個飛躍。

後記：跳脫建構陷阱以變成產品主導型

最近有人問我：「你在產品經理職涯中學到的最重要的事情是什麼？」

我有點被難倒。看吧，我學到的不僅是一件事，但我在職涯不同階段需要學習不同的東西。

當我剛開始擔任產品經理時，我需要學習謙遜。我了解到，我的角色不是大創意發想家的角色，而是壞想法終結者的角色。我需要學會謙虛，並獲得團隊的支持和贊同，才能做出很好的產品。跟我的團隊一起進行的實驗則教會我數據的力量，數據每次都勝過任何意見。

當我升任資深職位時，我了解到擁有一個良好策略性框架可能使一家公司成或敗。那就是，如果你不根據成果來判斷人們是否成功，那麼你將永遠無法達成這些成果。我看過一些公司在糟糕的策略性框架的影響下敗落。

成為一名顧問教會我有關組織中品格的力量。人們每次都會阻礙一個好產品，即使對公司來說它是最好的想法，但如果它不符合資深利害關係人的個人主見，它可能被制止。為了降低這種風險，你需要深入了解人們的動機，並知道如何處理人們的個人動機，透過資訊和數據資料來說服他們。

顧問工作還教會我，殺死優秀員工靈魂的最快方法之一，就是將他們置於無法成功的環境中。那是大多數人離開的時候。即使是優秀的產品經理，也都厭倦了每天醒來和交戰。他們花太多時間嘗試改變政策以便他們能夠成功完成工作，而不是建構自己能做到的最好產品。

事實是，大多數組織都不是產品主導型的。但是，成為產品主導型是一種贏的策略。如果你看一下當今最好的一些公司，例如Amazon、Netflix 和 Google，它們並沒有被動地建立所有客戶要求的東西。他們並沒有盲目地遵循敏捷流程，盡可能快地建構所有可做的功能。相反地，他們正在開發旨在為客戶帶來價值的產品。

成為敏捷、成為以客戶為中心 —— 這些東西已經融入了他們的文化。他們了解建構一個產品的基本條件，是該產品為使用者解決了問題。他們不只是為了完成待辦事項而建構東西。他們建構東西以促進其業務發展。

十年前，當我開始產品管理旅程時，我環顧四周，幾乎找不到任何同行。現在，聰明又有才華的產品經理比比皆是，正尋找著對的組織。他們希望加入產品主導型的組織，他們想要建構出客戶喜愛的絕佳產品。我希望，有更多的組織將跳脫陷阱，讓這些產品經理茁壯成長，並創造出我們都享受的產品。

因此，如果你想確定你的公司是否是一家產品主導型的公司，或者你可能與之距離有多遠，我提供給你最後的六個問題，這也是我每次被帶去評估一家公司是否跳脫建構陷阱會問的問題，這些也是我建議產品經理在面談中提出的問題，以了解這環境是否是他們要工作的對的環境。

你如何往產品主導的目標前進？

附件：決定一家公司是否為產品主導型的六個問題

你建構的最後一個功能或產品想法是誰提出的？

如果我問產品經理這個問題，我希望看到他或她的臉上有困惑表情：「你說的誰提出的是什麼意思？好吧，是我們團隊提的。不是嗎？它就是這樣運作的。」這種反應是一個健康的產品管理組織的跡象，在該組織中，管理者設定了目標，而團隊則有空間找出如何實現這些目標。產品經理應負責發現並解決使用者問題，這並不意味著一個重要的提案或解決方案的想法不能偶爾來自於管理部門，但這應該是例外，而不是常態。

當團隊不僅不能為自己正建構的東西負責，還不能告訴我為什麼要建構它時，這是一個巨大的危險信號。這意味著該想法的發起者，從未連結「為什麼」與「什麼」。

你決定要終止的最後一個產品是什麼？

不健康產品管理文化的另一個跡象，是無法終止不能幫助公司實現其目標的產品或想法。如果你聽到「我們從未真正終止任何東西」，這通常代表有很大的問題存在。

通常，這發生的原因是以下之一：

- 該組織已經向客戶承諾該想法。通常，某行銷人員向客戶承諾某特定功能正在開發，然後公司感覺要致力符合承諾到底。客戶是否真的提出要求，或者它是否實現了任何組織想要的預期目標，都不重要。

- 預算不能改。在一些大型組織中，預算是在年初確定的，因此團隊必須花掉所有預算，否則第二年將不會得到同樣金額的預算。這個概念令人困惑，但它確實存在。

- 不拒絕管理者。同樣，缺乏測試和質疑這些待做功能，意味著團隊中缺乏授權。如果一個團隊不敢對管理者說：「嘿，我們測試過它，嗯，它行不通，且我們不認為它值得花錢去建構。」則不太可能有產品管理的成功環境。

你上一次與客戶談話是什麼時候？

我害怕聽到的是，「哦，嗯，管理層並沒有真正讓我們與客戶交談。他們擔心我們太過打擾他們。」

如果公司與客戶之間沒有健康的對話，就無法真正了解客戶想要或需要的是什麼。成功的組織不僅允許產品經理與客戶交談，還鼓勵他們這樣做，並將這一過程視為工作的重要部分。事實上，你的面談者應該追問你，看看你是否有跡象可以輕鬆地與客戶交談，且你不打算將所有時間都花在辦公室編寫使用者故事。

你的目標是什麼？

這是我在面談過程中問任何產品經理的第一個問題[1]。如果產品經理不能闡明明確的目標，則表明組織層級的產品管理不佳。如果產品經理確實有說出目標，但它更注重輸出而不是注重成果，那麼這也意味著產品團隊不健康。以產出為中心的團隊，根據是否滿足產品交付期限來衡量成功與否。它很少關注這些產品為其業務實際上有什麼作用。

產品經理的目的，是透過為客戶創造價值來為企業創造價值。如果產品經理不了解公司的願景，那麼他們要如何找出實現的方法呢？目標應以成果為導向、可行動且在整個組織中清晰地傳達。

你目前在做什麼？

真正成功的產品經理，會更加熱情地談論產品開發團隊正在解決的問題，相比於談論發布的解決方案。對我而言，這是成功的最大跡象之一，並且與目標問題息息相關。當我問產品經理這個問題時，我想聽到他們正為使用者和企業解決什麼大問題。當然，他們也將說到解決方案，但更多地是它將做什麼以幫助解決其問題。如果整個組織都鼓勵這種思維，那麼你會在各個層級都聽到這種說法。

你的產品經理是什麼樣的？

作為產品經理，我們希望在一個該角色得到尊重和重視的組織中工作。我見過許多組織的產品管理部門沒有被好好重視。原因有兩個：產品經理被認為太強，或被認為太弱。

1　"Interviewing for the Job is Product Management," http://bit.ly/2JgKR9X.

在前者，產品經理被視為獨裁者，他們丟出要求給團隊，而不是讓他們參與決策過程。團隊的不滿漸增，並感到他們被視為資源而不是同事。好的產品經理知道，獲得整個團隊的支持是關鍵，產品經理不是唯一想出想法的人，而是應該充分利用團隊整體的能力。一個健康的產品團隊的跡象是聽到開發和 UX 人員說：「我喜歡我的產品經理。她的方向明確、溝通良好，並幫助我們始終專注於目標和問題。」

在第二種情況，產品經理被視為組織中的弱者，因為他們被利害關係人 [2] 和管理層壓倒。當產品經理被視為專案經理時，他們沒有決策權。利害關係人和管理層使用他們，只是為了讓自己的想法透過他們去執行，產品經理不敢拒絕，因為存在強烈反應的可能。

產品人員夢想中的組織，是將產品經理視為幫助他們塑造公司方向及向客戶提供服務的領導者。他們被視為引導船舶前進的夥伴。這六個問題可以幫助你確保你所在的公司、或你想要加入的公司，將支持並鼓勵你去做任何你能做的以得到成功。

2　"Rallying Stakeholders is Product Management," http://bit.ly/2z9QlhQ.

索引

※ 提醒您：由於翻譯書排版的關係，部份索引名詞的對應頁碼會和實際頁碼有一頁之差。

關於作者

Melissa Perri 深信，創造傑出產品的關鍵在於培養優秀產品領導者。作為 Produx Labs 的執行長，她幫助許多公司有效地擴展其產品組織。Melissa 也成立了線上學校 Product Institute，並開啟了一個訓練下一代產品長（CPO）的計劃。她是一位國際公認的、廣受歡迎的主題演講者。Melissa 畢業於康乃爾大學，擁有作業研究與資訊工程的學士學位。

關於譯者

王蕗君。於科技業擔任主管職務多年，目前於系統稽核、顧問、譯者、創業者、博班學生等多重角色耕耘。期許自己不斷學習，學用並進成為知識的推廣者。譯文疑問或相關領域討論，請聯繫出版社或 shellyppwang@gmail.com。

跳脫建構陷阱｜產品管理如何有效創造價值

作　　者：Melissa Perri
譯　　者：王薌君
企劃編輯：蔡彤孟
文字編輯：詹祐甯
設計裝幀：陶相騰
發 行 人：廖文良

發 行 所：碁峰資訊股份有限公司
地　　址：台北市南港區三重路 66 號 7 樓之 6
電　　話：(02)2788-2408
傳　　真：(02)8192-4433
網　　站：www.gotop.com.tw
書　　號：A677
版　　次：2021 年 12 月初版
建議售價：NT$400

國家圖書館出版品預行編目資料

跳脫建構陷阱：產品管理如何有效創造價值 / Melissa
　　Perri 原著；王薌君譯. -- 初版. -- 臺北市：碁峰資訊，
　　2021.12
　　　面；　　公分
　　譯自：Escaping the Build Trap：how effective product
management creates real value.
　　ISBN 978-986-502-993-7(平裝)
　　1.商品管理　2.組織管理　3.顧客關係管理
496.1　　　　　　　　　　　　　　　　　　110017018

讀者服務

● 感謝您購買碁峰圖書，如果您對本書的內容或表達上有不清楚的地方或其他建議，請至碁峰網站：「聯絡我們」\「圖書問題」留下您所購買之書籍及問題。(請註明購買書籍之書號及書名，以及問題頁數，以便能儘快為您處理)
http://www.gotop.com.tw

● 售後服務僅限書籍本身內容，若是軟、硬體問題，請您直接與軟體廠商聯絡。

● 若於購買書籍後發現有破損、缺頁、裝訂錯誤之問題，請直接將書寄回更換，並註明您的姓名、連絡電話及地址，將有專人與您連絡補寄商品。